新编21世纪高等职业教育精品教材
装备制造类

机械零部件测绘

主　编◎张　敏　李　靖　孟繁影
副主编◎高文嫱　马旭东　成　诚
林春梅　崔亚慧　王　蕾
参　编◎牟少志

中国人民大学出版社
·北京·

图书在版编目（CIP）数据

机械零部件测绘 / 张敏，李靖，孟繁影主编.
北京 ：中国人民大学出版社，2025. 7. --（新编 21 世纪
高等职业教育精品教材）. -- ISBN 978-7-300-33504-9

Ⅰ. TH13

中国国家版本馆 CIP 数据核字第 2025BB1873 号

新编 21 世纪高等职业教育精品教材 · 装备制造类

机械零部件测绘

主　　编　张　敏　李　靖　孟繁影
副 主 编　高文嫱　马旭东　成　诚　林春梅　崔亚慧　王　蕾
参　　编　牟少志

Jixie Lingbujian Cehui

出版发行	中国人民大学出版社		
社　　址	北京中关村大街 31 号	**邮政编码**	100080
电　　话	010－62511242（总编室）		010－62511770（质管部）
	010－82501766（邮购部）		010－62514148（门市部）
	010－62511173（发行公司）		010－62515275（盗版举报）
网　　址	http://www.crup.com.cn		
经　　销	新华书店		
印　　刷	中煤（北京）印务有限公司		
开　　本	889 mm × 1194 mm　1/16	**版　　次**	2025 年 7 月第 1 版
印　　张	8.75	**印　　次**	2025 年 7 月第 1 次印刷
字　　数	242 000	**定　　价**	38.00 元

前　言

党的二十大报告指出，教育、科技、人才是全面建设社会主义现代化国家的基础性、战略性支撑。教育是国之大计、党之大计。职业教育是我国教育体系的重要组成部分，肩负着“为党育人、为国育才”的神圣使命。本教材以习近平新时代中国特色社会主义思想为指导，深入贯彻落实党的二十大精神，将思想道德建设与专业素质培养融为一体，着力培养爱党爱国、敬业奉献，具有工匠精神的高素质技能人才。

教材是教学过程的载体，加强教材建设是深化职业教育改革的重要途径。为满足高层次技能型人才培养的需求，凸显职业本科、高职教育特色，更好地满足现代化装备制造业发展的需求，我们编写了《机械零部件测绘》这本教材，以及与之配套的《机械零部件测绘习题集》。

“机械零部件测绘”是装备制造类相关专业的重要实践课程，旨在进一步提高学生的绘图技能，为后续课程的学习打下坚实的基础。

本教材的具体特点如下：

（1）落实立德树人根本任务，弘扬劳动精神、劳模精神、工匠精神，为国育才。

（2）结合机械制造岗位群技能要求，模块化设计教学内容，项目化创设学习情境，通过任务单引导学生自主学习，考核学习成效，实现“做中学、学中做”。

（3）将机械产品三维模型设计职业证书考核项目标准融入理论环节，将全国职业院校技能大赛数字化设计与制造竞赛内容融入实训环节，实现“课证融通、赛课融合”。

（4）教材内容全面，实用性强，将机械行业具有代表性的零部件作为示例，衔接职业教育学生未来工作岗位。讲解细致，作图步骤完整，易学易懂。

（5）教材配图多采用三维实体造型，真实、形象，立体感强。

（6）配套了丰富的数字化资源，扫描二维码可随时随地查看资源，原本静态的图文变成有趣的动态影像，极大地提高了学习效果，满足学生自主学习的需求。

由于时间仓促，加之编者水平有限，不足之处在所难免，恳请广大读者批评指正。

编　者

目　录

项目一 机械零部件测绘概述

项目导读

零部件测绘是从事工程技术岗位需要掌握的一项重要的技能。随着技术的不断进步和生产需求的不断变化，研发设计、生产制造、设备维修和升级改造等环节均要求工程技术人员具备测绘能力。学生通过参与测绘实践，不仅可以掌握徒手绘图技能，还可以锻炼分析问题及解决问题的能力，提升个人的专业素养和综合水平。

项目目标

学习目标

- 掌握零部件测绘的基本概念及测绘的内容和步骤。
- 掌握零部件测绘工具的选用及使用方法。
- 能正确使用测绘工具进行零部件尺寸的测量及圆整。

素养目标

- 形成正确的认识论和方法论，培养求真务实的精神。
- 培养严谨细致、一丝不苟的工作态度。

任务引入

随着新一轮科技革命和产业变革的加速推进，我国的制造业进入了高质量发展阶段。企业在转型升级过程中要不断地进行设备更新与改造，以提高生产效率，达到绿色、安全、节能、环保的目标，这就需要工程技术人员具备较高的零部件测绘能力。测绘能够将复杂的机器与设备结构转化为直观的图形和精确的数据，可以为技术人员更好地改进设备性能与优化部件结构提供解决方案。

任务一 机械零部件测绘的目的与要求

知识图谱

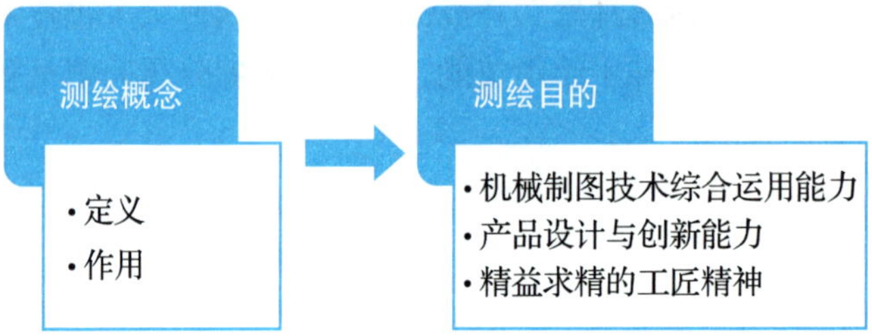

知识链接

一 测绘的概念

在企业的生产过程中，人们使用的零件图、装配图的来源有两个：一是根据设计而绘制的图样；二是根据已有零部件测绘而产生的图样，这一过程称为“测绘”。

测绘是对现有的机器或零部件进行实物拆卸与分析，并选择合适的表达方案呈现。不用或只用简单的测绘工具，通过目测，快速徒手绘制出所有零部件的草图和装配示意图，然后根据装配示意图和零部件的实际装配关系，对测得的尺寸和数据进行圆整与标准化，确定零件的材料和技术要求，最后用尺规或计算机绘制出生产使用的装配工程图样和零件工程图样。零部件测绘对推广先进技术、交流生产经验、改造现有设备、技术革新、修配零部件等具有重要意义。因此，零部件测绘是实际生产中的重要工作之一，是工程技术人员必须掌握的一项基本技能。

二 测绘的目的

零部件测绘是机械制图的后续课程，是工科院校机械类专业的实践训练环节。学习零部件测绘的目的如下：

（1）培养学生正确使用工具拆卸机器设备并使用测绘工具测量零部件尺寸的基本能力；培养学生徒手绘图、使用尺规绘图，以及运用计算机绘图的能力。

（2）提升学生机械制图技能的综合运用能力，帮助学生将所学的机械制图知识更全面、综合地运用到实践中。

（3）锻炼学生规范地进行零部件尺寸标注、公差配合选用及几何公差标注的能力，深入了解机械结构。

（4）培养学生正确使用标准、规范、技术手册，以及利用网络、人工智能等查询资料的能力。

（5）通过进行快速、精准的测绘，以及测绘结果在设备改造升级中的应用，培养学生的效率意识和创新意识。

（6）培养学生严谨细致的工作作风和精益求精的工匠精神。

任务二 机械零部件测绘基础知识

知识图谱

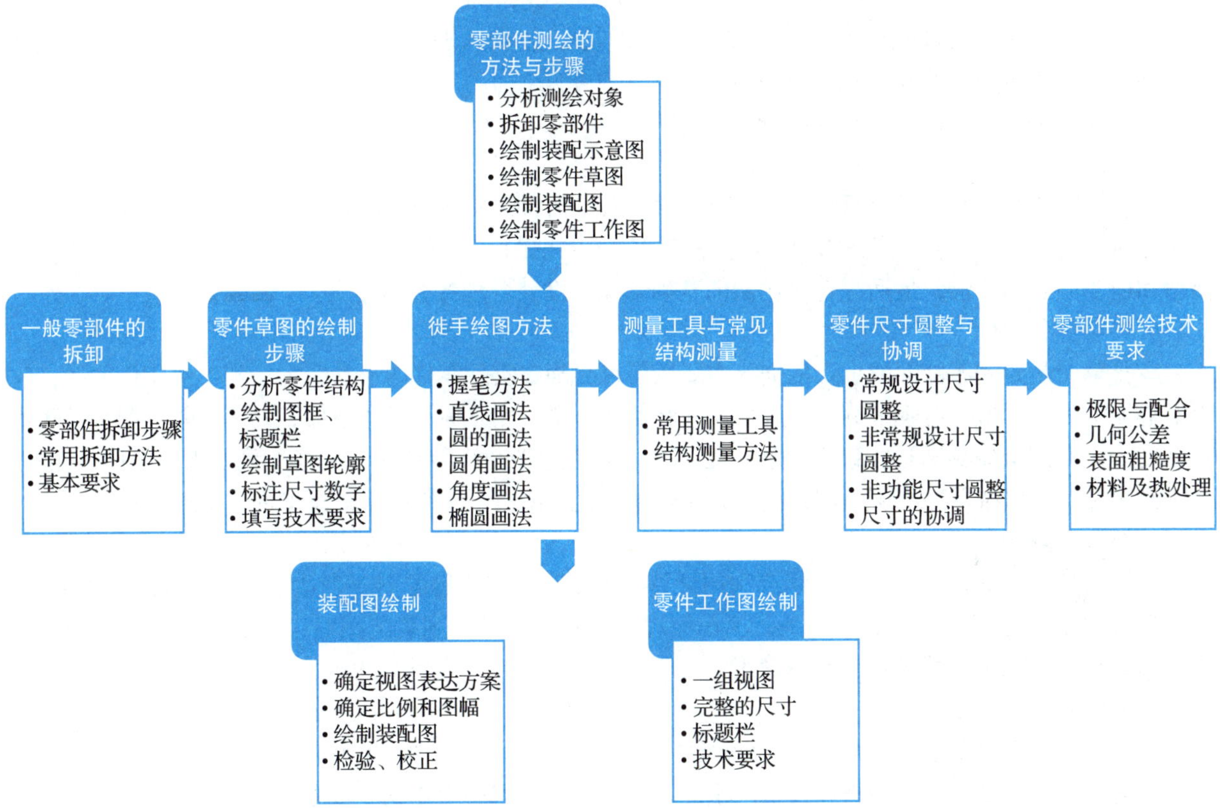

知识链接

一 零部件测绘的方法与步骤

1. 测绘前的准备

明确测绘任务和内容，根据测绘内容的复杂程度合理划分小组。准备好相关拆卸工具、测量工具、图纸、绘图工具、透明胶带、抹布、即时贴标签等；准备好机械手册和参考资料以便查阅。

2. 分析测绘对象

查阅相关资料，全面了解要测绘的部件的功能、工作原理、工作性能、结构特点和装配关系等，了解组成机器（部件）的各零件的名称、材料、主要加工方法以及它们在机器或部件中的位置、作用和与相邻零件的关系，然后对零件的内、外结构形状特征进行结构分析和形体分析。

3. 拆卸零部件

拆卸前先查看机器（部件）的各个连接部位，分析清楚零件的装配顺序和装配关系。拆卸时，首先要注意安全，不能损坏零件，不要暴力拆卸，使用合理的工具按照顺序拆卸，边拆卸、边整理，对零件进行分类、编号，登记名称、数量，明确各零件的作用、结构特点。对于大型的、复杂的机器，应该先拆分为组件、部件，再进一步拆卸与测绘。

4. 绘制装配示意图

装配示意图主要用于表达各零件之间的相对位置、装配与连接关系、传动路线及工作原理等内容，是绘制装配图的重要依据。装配示意图具有以下特点：

（1）装配示意图只用简单的符号和线条表达部件中各零件的大致形状和装配关系。

（2）对于一般零件，可用简单图形表示大致轮廓。对于形状简单的零件（如螺钉、轴等），可用单线表示。对于常用的标准件（如轴承、键等），可用国标规定的示意图符号表示。

（3）相邻两零件的接触面或配合面之间应留有间隙，以便区别。

（4）零件可看作透明体，且没有前后之分，均为可见。

（5）对全部零件编号，并填写明细栏。

5. 确定表达方案

明确测绘的零件的主要类型，了解零件的结构，进行形体分析。根据各类型零件的特点，按视图选择原则，先确定主视图，即最能反映零件形状特征的视图，再根据零件的复杂程度选取必要的其他视图和适当的表达方法，最后综合运用制图基础知识，设计合理的表达方案。

6. 绘制零件草图

零件草图是绘制零件图的重要依据，主要凭借目测确定实际零件的形状、大小和大致比例关系，先用铅笔徒手画出图形，再集中测量并进行尺寸圆整和协调，然后标注尺寸数值，确定公差、配合及表面粗糙度等。草图应做到图形正确、表达清楚、尺寸完整清晰、线型分明、字迹工整、比例匀称，此外，绘图速度要快。复杂零件可用坐标纸绘制，简单零件直接用白纸绘制即可。标准件可不绘制草图。

7. 绘制装配图

根据零件草图和装配示意图手绘或利用计算机绘制装配图。装配图要表达出主要零件的结构形状、相互位置关系、配合尺寸、装配关系、工作原理及技术要求等。画装配图时，不要求必须与装配草图的表达方案完全一致，可进行必要的修改。

8. 绘制零件工作图

根据零件草图并结合有关零部件的图纸资料，通常利用计算机绘制出零件工作图。绘制零件工作图时还需要对草图做进一步检查和校对。至此，整个零部件测绘工作就完成了。

二 一般零部件的拆卸

1. 零部件拆卸的步骤

（1）分析机器或零部件。可通过观察实物和查阅有关图样资料，了解机器或零部件的性能、作用、工作原理、传动系统和运转情况，了解零部件的制造、实验、维修、构造和拆卸方法等情况。

（2）分析机器的连接方式。机器的连接方式一般分为永久性连接、半永久性连接、活动连接、可拆卸连接 4 种。

（3）根据机器的结构和部件的连接方式确定拆卸顺序。通常，应从外围部件开始拆卸，逐步向内。在拆卸过程中，应注意记录每个部件的位置和连接方式，以便后续安装。

2. 常用连接的拆卸方法

常用连接的拆卸包括螺纹连接拆卸、键连接拆卸、销连接拆卸、轴孔配合件的拆卸等，下面逐一介绍具体的拆卸方法。

（1）螺纹连接的拆卸。

1）六方、四方头的螺栓和螺母可用规格合适的活扳手或系列扳手拆卸。

2）带槽螺钉可用螺钉旋具拧松卸下。

3）圆螺母可用专用扳手拆卸。

（2）键连接的拆卸。

对于带轮、齿轮与轴之间的普通平键、半圆键连接，沿轴向推动连接的盘类零件即可直接拆下。对于钩头楔键连接，可用起键器拉出，也可垫上钢条后用锤击出。

（3）销连接的拆卸。

销分为圆柱销、圆锥销、开口销 3 种。对于不通孔销连接，可用拔销器拆卸。对于通孔销连接，可用铜棒从小直径端冲击拆卸。对于开口销连接，直接用钳子或拔销钩拔出即可。

（4）轴孔配合件的拆卸。

过盈配合的轴孔件一般不拆卸，如果必须拆卸，先加热带孔零件，再用专用工具或压力机拆卸。间隙配合的轴孔件要缓慢地顺着轴线相向推出，操作时要避免两个配合件因相对倾斜而卡住，从而划伤配合面。过渡配合的轴孔件可以使用专用工具——顶拔器拆卸，也可以使用两个铜棒（或木槌）同时敲击轮毂或轮辐的对称部位，或沿轮周围均匀敲击，使其脱开，注意避免打伤零件表面。

轴上的滚动轴承尽量不拆卸，必须拆卸时可用拆卸器或压力机，采取浇油加热的方法拆卸。拆卸时着力点要选在滚动轴承的内圈上。

3. 拆卸的基本要求

（1）拆卸零部件时要测量其几何精度和性能并记录，供复原时参考。

（2）要选用合适的拆卸工具，对于不可拆的连接（如焊接、铆接、过盈配合连接）一般不应拆开；对于较紧的配合或不拆也可测绘的零件，尽量不拆，以免破坏零件间的配合精度，并可节省测绘时间。

（3）对拆下的零件，要及时按顺序编号，并加上号签，妥善保管，防止螺钉、垫片、键、销等小零件丢失；对重要的、精度较高的零件要防止碰伤、变形和生锈，以便安装时仍能保证零部件的性能和精度要求。

（4）要注意保护零件的加工面和配合面。测绘和制图完成后，要及时将测绘对象还原为初始状态。

三　零件草图的绘制步骤

不借助绘图仪器与工具，通过目测预估图形与实物的比例而徒手画出的图样称为草图。零件草图的绘制步骤如下：

（1）分析零件结构，确定表达方案。

对零件进行形体分析和结构分析，并了解零件的工作和加工情况，确定视图数量及各个视图的表达方法。

（2）确定图幅，徒手绘制图框、标题栏。

目测比例，确定图纸图幅，画出图框和标题栏。初步确定各视图的位置，徒手绘制各个视图的基准线。

（3）徒手绘制基本视图的全部草图轮廓。

在绘制零件草图时，注意留出标注尺寸的位置。

（4）选定尺寸基准，合理标出尺寸数字。

首先选定尺寸基准，画出所有的尺寸线，再测量全部尺寸，最后填写尺寸数字。标注尺寸时要注意，对于螺纹、键槽、齿轮的轮齿等标准结构的尺寸，应将测量的结果与标准值进行核对，一般采用标准的结构尺寸，以便于制造。与标准件配合的尺寸应按标准件的尺寸选取，如与轴承配合的孔和轴等，其余尺寸应进行圆整。

（5）标注技术要求。零件的几何公差、极限与配合、表面粗糙度等技术要求，通常可类比类似零件的技术要求给出，标注时要注意以下几点：

1）主要尺寸要保证精度。例如，齿轮油泵中，泵体的两轴线、轴线到底面的距离以及有配合关系的尺寸等，都应给出公差。

2）有配合关系的孔与轴，要查阅相配合的轴与孔的有关资料，以核准配合制度和配合性质。

3）对于相对运动的表面，以及对形状和位置要求较严格的线、面等要素，应考虑经济性和装配性，标注合理的几何公差和粗糙度要求。

（6）填写标题栏，检查有无错误和遗漏。完成草图。

四 徒手绘图的方法

草图中的线条要粗细分明，大致符合比例，线型按国家标准绘制。下面对徒手绘图方法做简单介绍。

1. 握笔方法

握笔的位置要比图纸高一些，利于运笔和观察目标。笔杆与纸面成 45° ～ 60°。

2. 直线的画法

画直线时执笔要自然，手腕抬起，小手指压住纸面，手腕随着线移动。短直线一笔画出，长直线可以目测在直线中间定几个点，分段画出。画水平线时图纸可以斜放；画竖直线时自上而下运笔；画长斜线时，可将图纸旋转适当角度，以利于运笔，姿势如图 1－1 所示。

握笔方法及徒手绘制直线

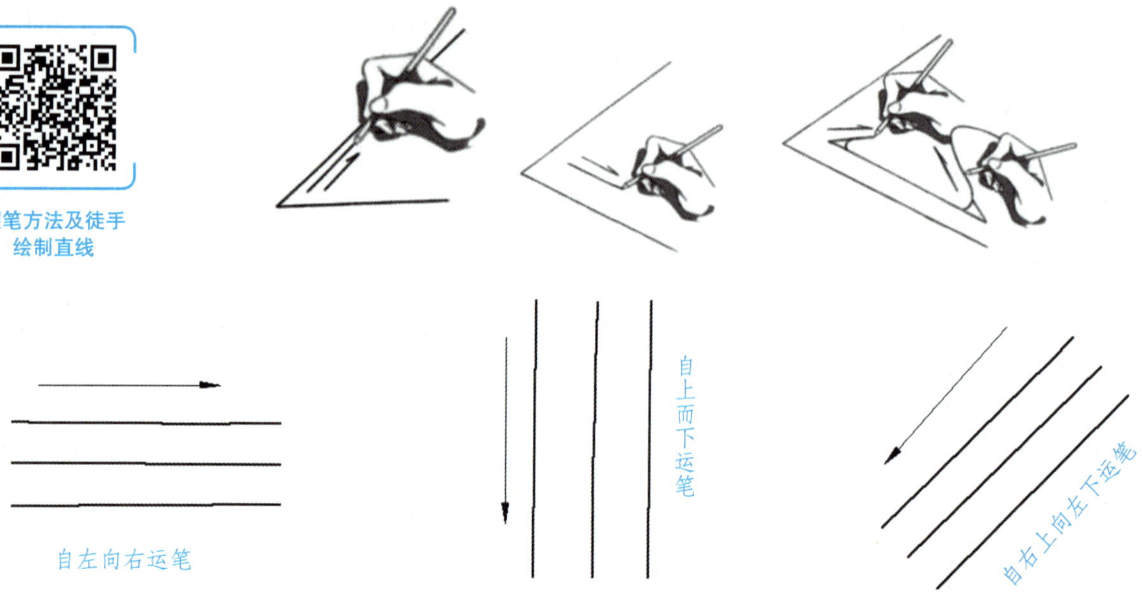

图 1－1　直线的画法

3. 圆的画法

画小圆时，先画中心线，在中心线上目测半径确定 4 个端点，之后徒手连接 4 个点形成圆，如图 1－2（a）所示。画较大的圆时，可以通过圆心画几条不同方向的直线，按半径目测定出 8 个点，再徒手连接，如图 1－2（b）所示。

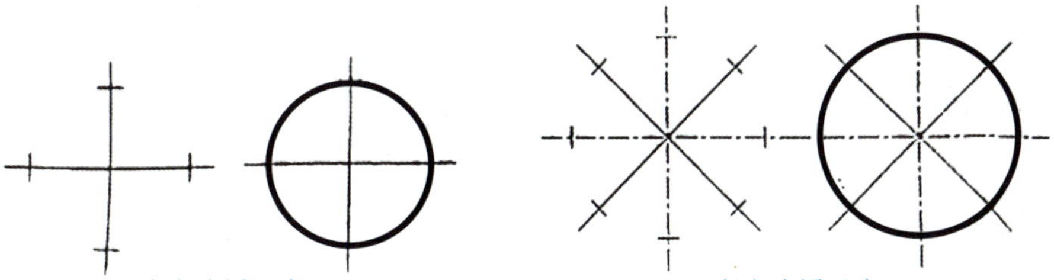

(a) 小圆画法　　(b) 大圆画法

图 1－2　圆的画法

徒手画圆的方法

4. 圆角的画法

画圆角时，先目测画出角平分线，在角平分线上选取圆心位置，使它与角的两边的距离等于圆角的半径，然后过圆心向角两边引垂直线，定出圆弧的起点和终点，最后徒手画圆弧把这三点连接起来，如图 1－3 所示。

徒手画圆角的方法

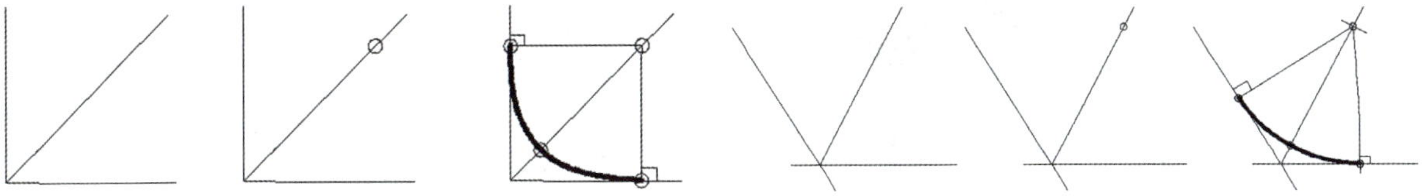

(a) 直角圆角　　(b) 钝角圆角

图 1－3　圆角的画法

5. 角度的画法

画 45°、30°、60° 等常见角度时，可根据两直角边的比例关系，在两直角边上定出几个点，然后连接而成，如图 1－4 所示。

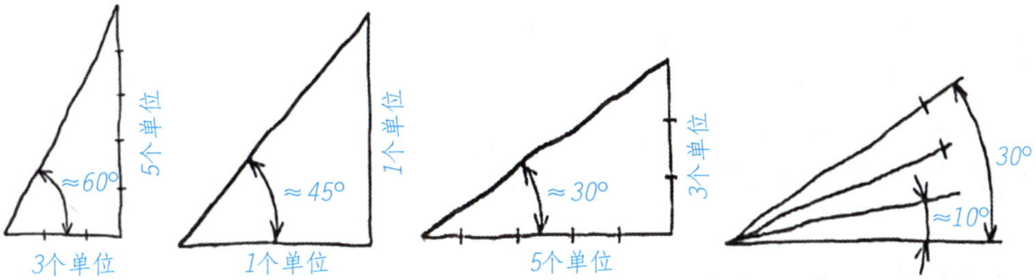

徒手画角度的方法

图 1－4　角度的画法

6. 椭圆的画法

画椭圆时，先画中心线，再画矩形，然后画与矩形相切的椭圆，如图 1－5 所示。

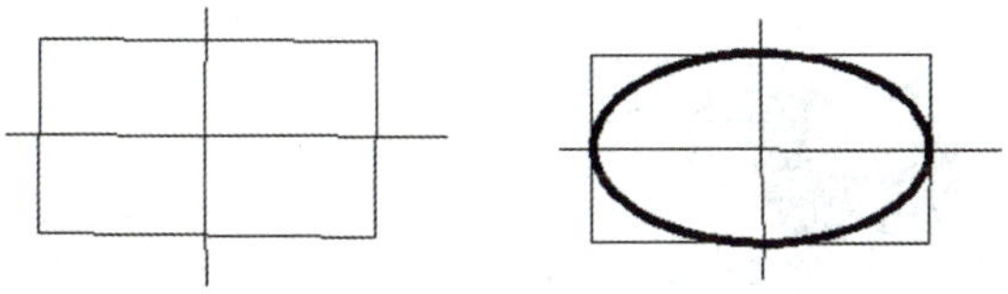

图 1－5　椭圆的画法

画轴测图椭圆时，先画出椭圆的外切菱形，然后画椭圆，如图 1－6 所示。

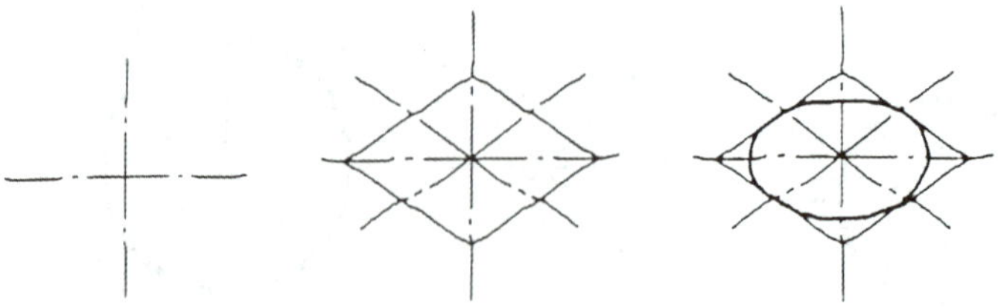

图 1-6　轴测图椭圆的画法

7. 其他注意事项

徒手画图时，整个物体的长、宽、高的相对比例要基本保持准确。在画中间部分和细节部分时，要随时将新测定的线段与已拟定的线段进行比较。画中小型物体时，可以把铅笔当尺直接放在实物上测各部分的大小，如图 1-7 所示，然后按测量的大致尺寸画出草图。也可以用此方法估计出各部分的相对比例，再按比例画出缩小的草图。

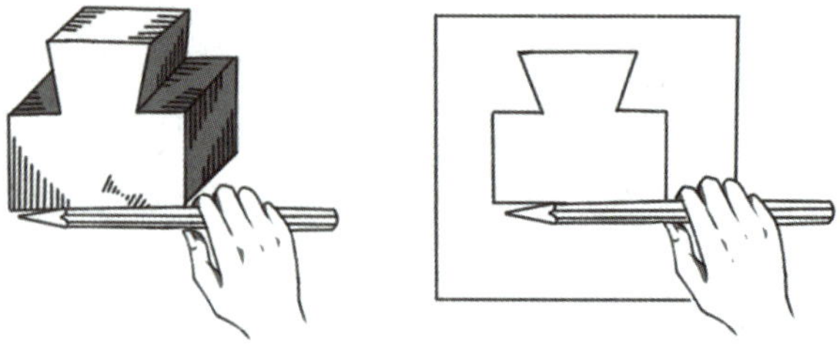

图 1-7　中小型物体的测量

五　测量工具与常见结构测量

1. 常用的测量工具

常用的测量工具有游标卡尺、钢直尺、千分尺、万能角度尺、螺纹样板、R 规（半径规）和卡钳等。常用测量工具的图示及说明见表 1-1。

表 1-1　常用测量工具的图示及说明

测量工具	图示	说明
游标卡尺		游标卡尺可以用来测量长度、内径、外径、孔和槽深度及台阶高度等尺寸，精度一般为 0.02 ～ 0.1mm
钢直尺		钢直尺一般用于测量精度要求不高的线性尺寸，刻度最小单位为 1mm
千分尺	 （外径千分尺） 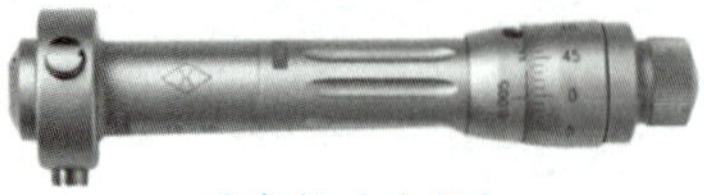 （内径千分尺）	千分尺是精密量具，利用精密螺旋传动实现测量，精度比游标卡尺高，常用于测量高精度的长度和直径尺寸

续表

测量工具	图示	说明
万能角度尺		角度尺主要用于测量角度，测量范围为 0 ～ 320° 外角及 0 ～ 40° 内角
螺纹样板		螺纹样板用于检验低精度螺纹工件的螺距和牙型角。通过将螺纹样板与工件的螺纹紧密接触，若牙型完全相合即可得出测量结果
R 规		R 规主要用于测量圆的半径，一端用于凸弧测量、一端用于凹弧测量。测量时，需要样板与被测表面完全密合，所用样板数值即为被测表面的圆角半径
卡钳	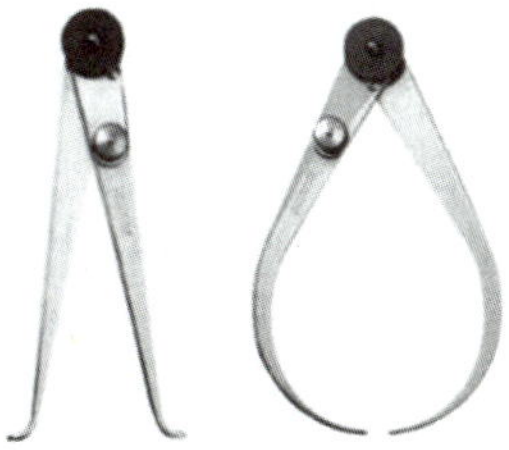	卡钳是间接测量内径、外径的工具，需要同带刻度的其他量具一起使用，测量误差较大，常用于测量一般精度的直径

2. 常见结构的测量方法

（1）测量线性尺寸。

1）使用游标卡尺测量。

游标卡尺有游标式、带表式和数显式等，游标式卡尺的使用最广泛。如图 1－8 所示，游标卡尺的读数精度有 0.02mm、0.05mm、0.10mm 三个等级，工程中常用的是 0.02mm。下面以精度为 0.02mm 等级为例，说明刻度和读数方法。如图 1－9 所示，游标卡尺包含主尺和副尺：主尺上每大格 10mm，每小格 1mm；副尺上每小格 0.98mm，共 50 格。主、副尺每格之差为（1 ～ 0.98）mm，即 0.02mm。

读数值时，先在主尺上读出副尺零线左侧所对应的尺寸整数部分，再找出副尺上与主尺刻线对准的那一个位置的刻线，读出副尺的刻线数值，乘以精度值，所得的乘积即为小数值部分，整数与小数之和就是被测零件的尺寸。

游标卡尺读数示例如图 1－10 所示，具体步骤如下：

① 在主尺上读出副尺零线以左的刻度，该值就是最后读数的整数部分，36mm。

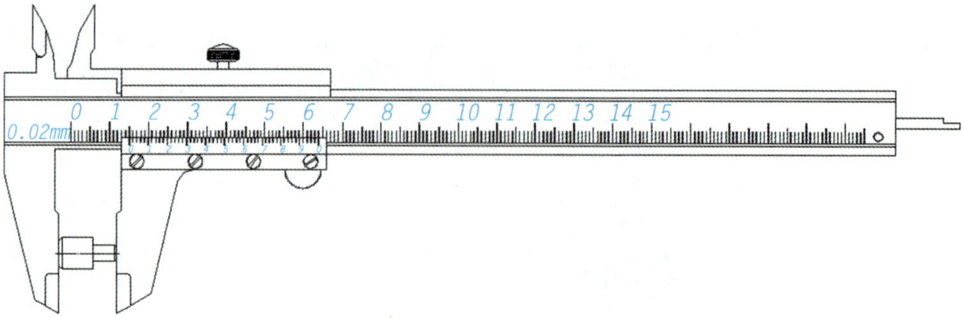

图 1－8　用游标卡尺测量零件长度

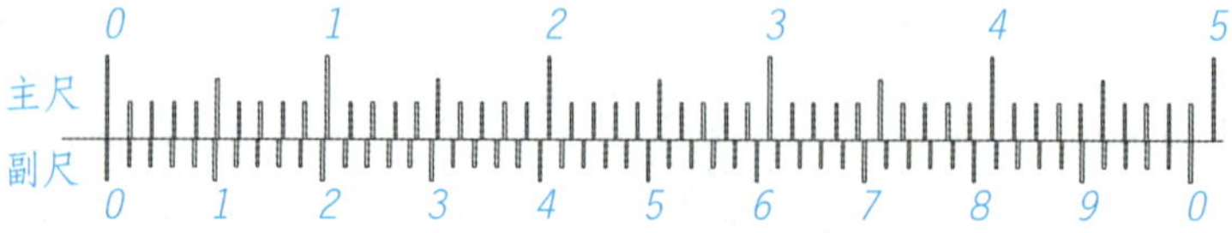

图 1－9　游标卡尺刻线

② 副尺上一定有一条刻线与主尺的刻线对齐。在副尺上读出该刻线距零线的格数，然后将其与刻度精度 0.02mm 相乘，就得到最后读数的小数部分，20 × 0.02=0.40mm。

③ 将得到的整数和小数部分相加，36+0.40=36.40mm。

游标卡尺读数

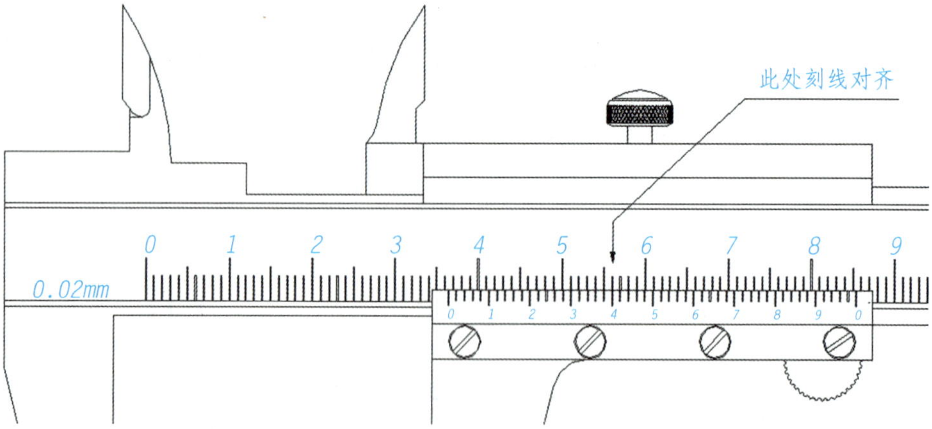

图 1－10　游标卡尺读数示例

使用游标卡尺时的注意事项如下：

① 根据被测工件的特点、尺寸和精度要求选用合适的类型、测量范围和分度值。

② 测量前将两量爪合并，检查游标卡尺的精度状况，确保没有问题后将游标卡尺擦净待用。

③ 测量时，被测工件与游标卡尺要对正，确保测量位置准确，两个量爪与被测工件表面接触不要过松或过紧。

④ 读数时要正视刻线，看准对齐位置，正确读数。

⑤ 严禁在毛坯面、运动工件或温度较高的工件上测量，以防损伤量具，影响测量精度。

⑥ 测量后，将游标卡尺擦拭干净，收回盒中。

2）使用钢直尺测量。

钢直尺可以直接测量线性尺寸，但误差比较大，因此常用于测量一般精度要求的尺寸。用钢直尺测量尺寸的方法如图 1－11 所示。

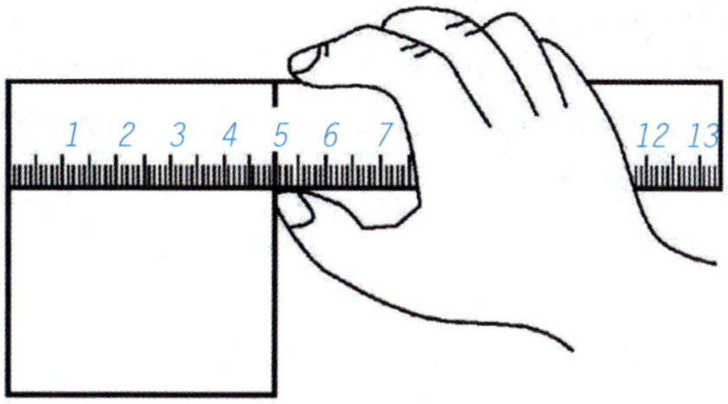

图 1－11　用钢直尺测量尺寸

（2）测量直径。

1）使用游标卡尺测量直径。

游标卡尺有上下两对量爪，上侧称为内测量爪，用于测量内径，下侧称为外测量爪，用于测量外径，测得的直径尺寸可以在游标卡尺上直接读出，测量方法如图 1－12 所示。

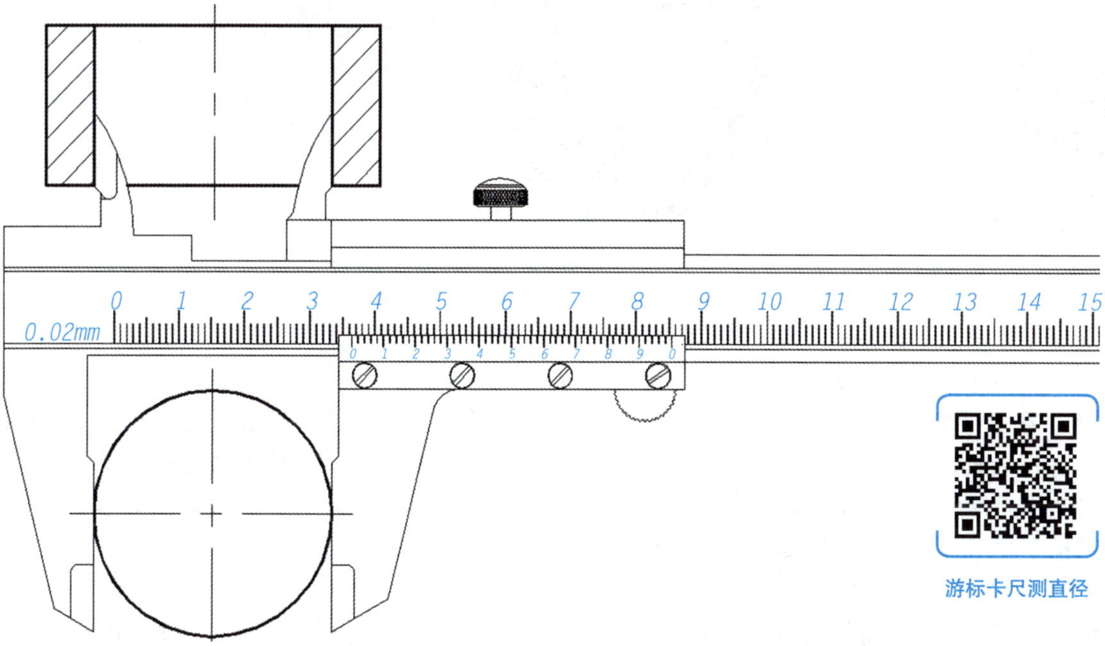

游标卡尺测直径

图 1－12　用游标卡尺测量直径

带有深度尺的游标卡尺还可以测量孔和槽的深度及孔内台阶深度。测量深度时，把主尺端面紧靠在被测工件的表面上，再向工件的孔或槽内移动游标尺身，使深度尺和孔或槽的底部接触，然后拧紧螺钉，锁定游标，取出卡尺读取数值，测量方法如图 1－13 所示。

2）使用千分尺测量直径。

对测量精度要求较高时，通常使用千分尺进行测量，它是最常用的精密量具之一。按照用途不同，可分为外径千分尺、内径千分尺、深度千分尺、内测千分尺和螺纹千分尺。外径千分尺（这里简称千分尺）的结构如图 1－14 所示。千分尺的测量精度有 0.001mm、0.01mm、0.02mm 等规格。

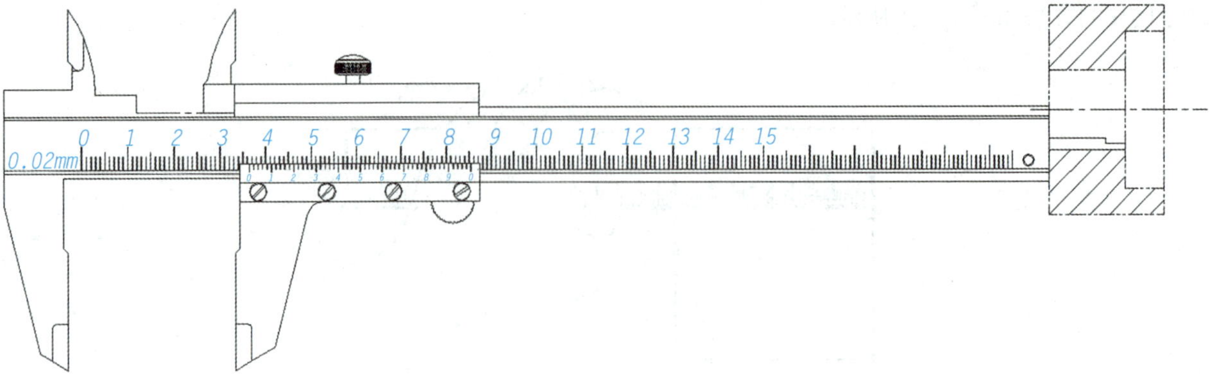

图 1－13　用游标卡尺测量台阶孔深度

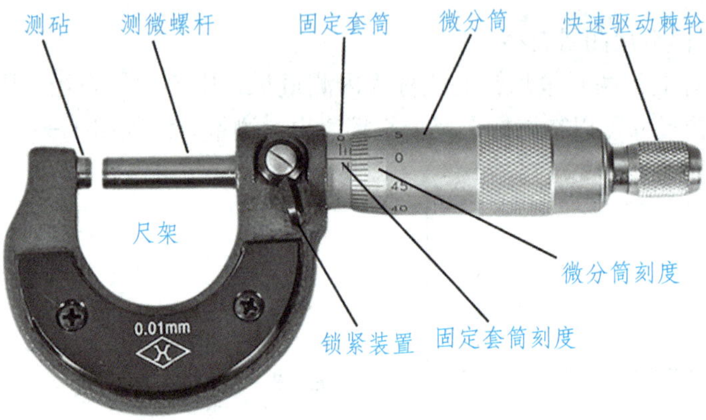

千分尺测量及读数

图 1－14　千分尺的结构

① 千分尺的读数原理。

千分尺的固定套筒上基准线上面的一排刻线标出的数字表示毫米整数值；下面一排刻线未注数字，表示对应上面刻线的半毫米值。即固定套筒上下相邻两刻线的轴向长为 0.5mm。微分筒每转一周，带动测微螺杆沿轴向移动 0.5mm。微分筒的外锥面的一圈均匀刻有 50 条刻线，微分筒每转过一个刻线格，带动测微螺杆沿轴向移动 0.01mm，即测量精度为 0.01mm。实际工作中，要根据被测工件的特点、尺寸和精度要求选用合适的类型、测量范围和分度值。

② 千分尺测量及读数方法。

测量长度时，首先将量具擦拭干净，校对零位。被测工件与千分尺要对正，以确保测量位置准确。将被测工件放在测砧和测微螺杆之间，拧紧测微螺杆，再用锁紧装置锁紧，然后读数。先读出固定套管上露出来的刻线的整毫米数及半毫米数，再查看哪一个位置的刻线与固定套管的基准线对齐，从而读出不足半毫米的小数部分。最后将两次读数相加，即为工件的测量尺寸。如图 1－15 所示，读数为 $13+36\times0.01=13+0.36=13.36$mm。读数时眼睛要正对刻线，应特别注意观察固定套筒上基准线之下的刻线是否露出，防止误读 0.5mm。

3）使用卡钳测量直径。

卡钳是间接测量工具，需要与钢直尺或其他带有刻度的量具配合读出尺寸。卡钳有外卡钳和内卡钳两种；外卡钳用于测量外径，内卡钳用于测量内径。对测量精度要求不高时可选用卡钳，测量方法如图 1－16 所示。

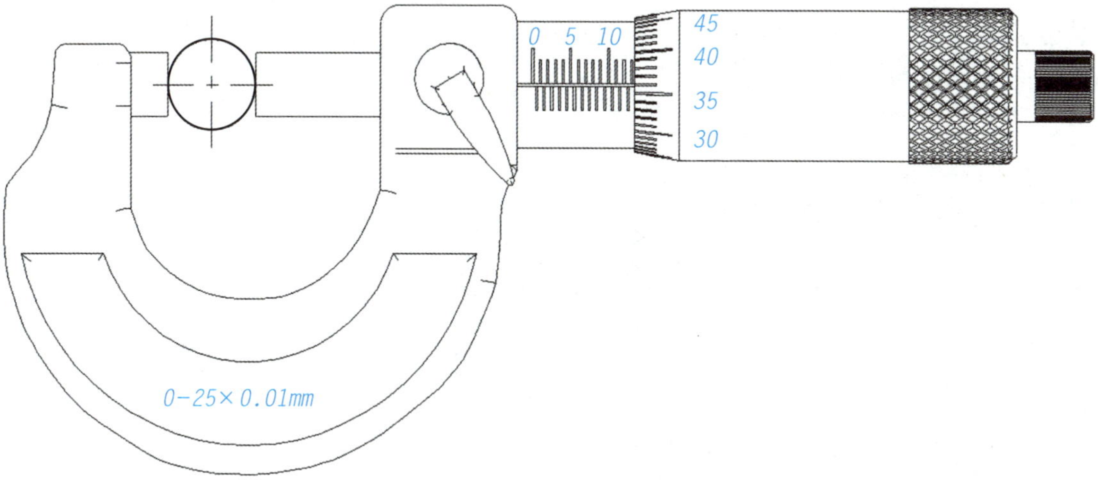

图 1-15　千分尺的读数

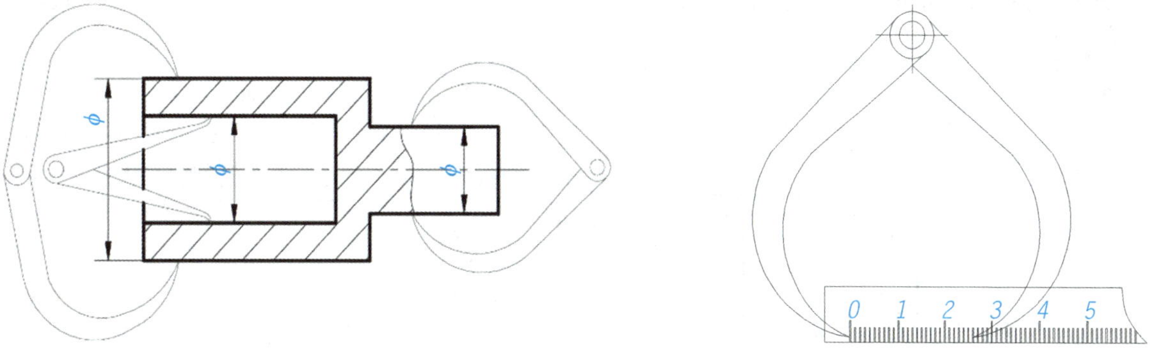

图 1-16　卡钳测量示意图

（3）测量两孔中心距、孔中心高度。

1）两孔中心距的测量。测量精度要求较高时，可使用游标卡尺测量，方法如图 1-17 所示。测量精度要求不高时，可使用卡钳配合钢直尺测量，方法如图 1-18 所示。

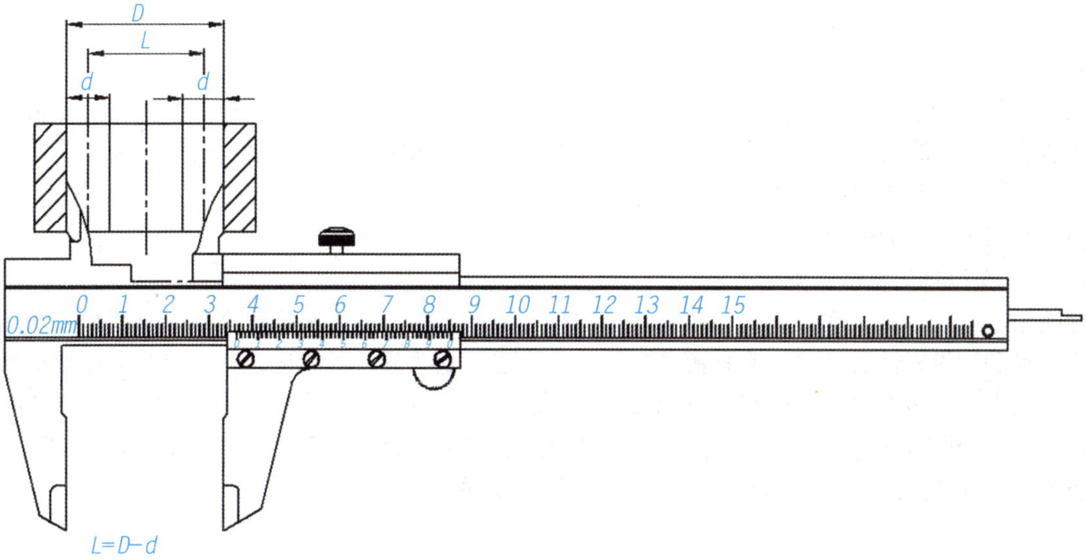

图 1-17　游标卡尺测量两孔中心距

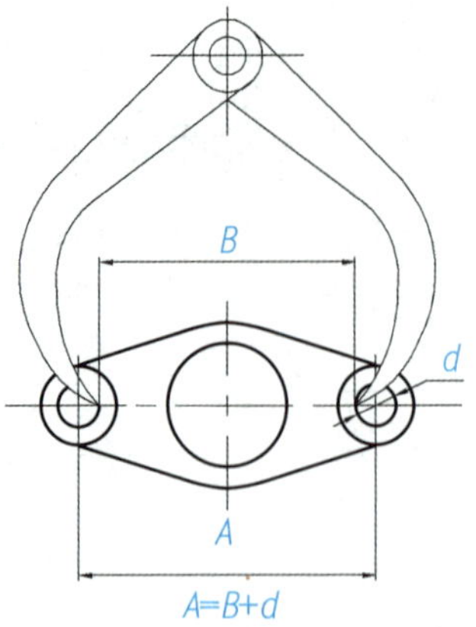

图 1－18　卡钳测量两孔中心距

2）孔中心高度的测量。可使用钢直尺测量，也可使用钢直尺和内卡钳、外卡钳配合测量。如图 1－19 所示为使用钢直尺配合外卡钳测量。此外，如果零件形状允许，还可使用游标卡尺测量。

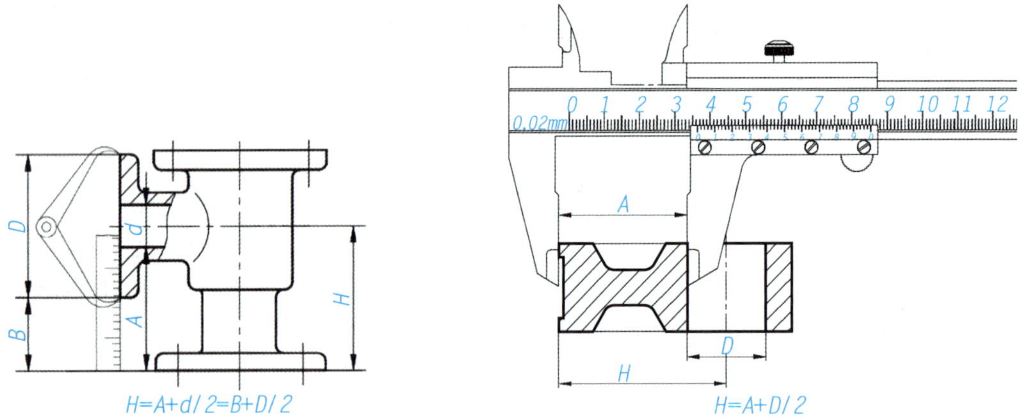

图 1－19　孔中心高度的测量

（4）测量壁厚。

测量零件的壁厚时，可根据零件的形状采用钢直尺、卡钳与钢直尺配合、游标卡尺和量块配合等测量方式。

如图 1－20 所示，使用卡钳配合钢直尺测量时，可先将卡钳打开一个开口，在钢直尺上量取一个合适的数值 *A*。测量工件时，再用钢直尺配合卡钳测出 *B*。则壁厚 *X*=*A*-*B*。如图 1－21 所示为内外卡钳配合测量壁厚，以及使用钢直尺直接测量壁厚。

（5）使用角度尺测量角度。

1）万能角度尺的结构和测量方法。

万能角度尺用于测量角度，其结构如图 1－22 所示。万能角度尺又称角度规、游标角度尺和万能量角器，是利用游标读数原理来直接测量工件角度或进行划线的一种角度量具。万能角度尺适用于机械加工中的内、外角度测量，可测 0° ～ 320° 外角及 40° ～ 130° 内角。主尺刻线每格为 1°；游标的刻线是取主尺的 29° 等分为 30 格，因此游标刻线角格为 29°/30，即主尺与游标一格的差值为 2′，也就是说万能角度尺读数准确度为 2′。除此之外还有 5′ 和 10′ 两种精度。

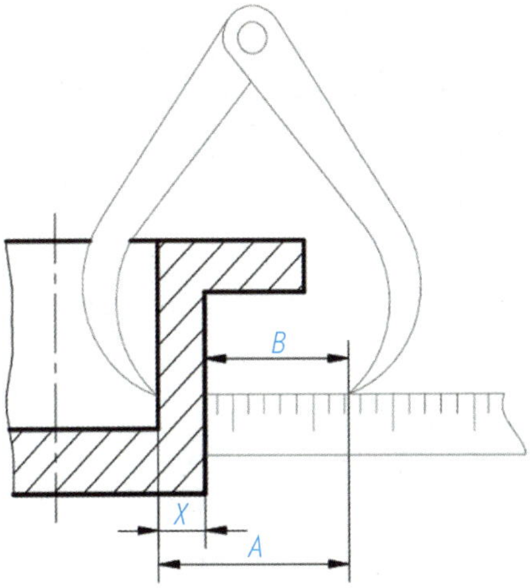

图 1－20　卡钳配合钢直尺测量壁厚

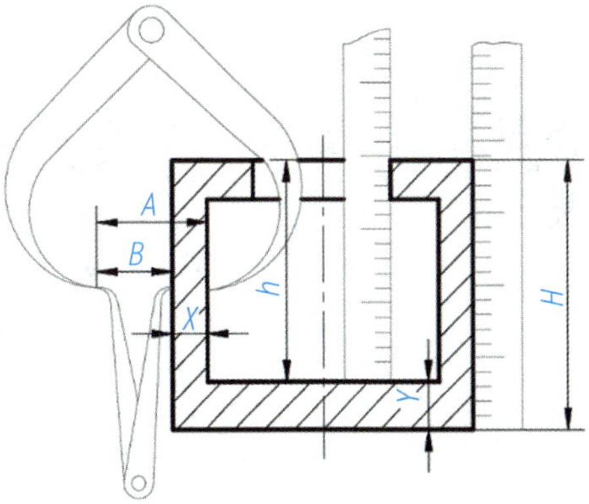

图 1－21　内外卡钳配合测量壁厚，钢直尺直接测量壁厚

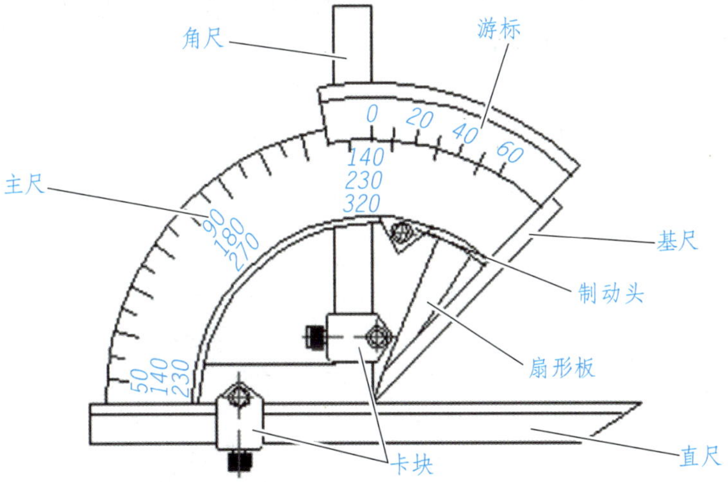

图 1－22　万能角度尺

万能角度尺测量角度

测量前，目测被测角度的大小，然后调整好角尺或直尺的位置，并用卡块上的螺钉紧固，再调整基尺测量面与其他有关测量面之间的夹角。测量时，将制动头上的螺母调松，移动主尺，再转动扇形板背面的微动装置进行微调，直到两个测量面与被测表面密切贴合为止，然后拧紧制动头上的螺母，把角度尺取下来，根据游标尺上的刻度，便可以读出所测角度值。

万能角度尺的读数方法与游标卡尺相同。首先读出游标零线前的角度，然后从游标上读出角度“分”的数值，两者相加即为被测零件的角度值。整度数由游标零线在主尺上从左至右所达到的最大整数格读得，不足的部分由游标和主尺上完全对齐的刻度读得。

2）测量 0° ～ 50° 角度。

测量 0° ～ 50° 角度时，需要将角尺和直尺按图 1－23 所示的方式安装，然后将零件的被测部位放在基尺和直尺的测量面之间进行测量。

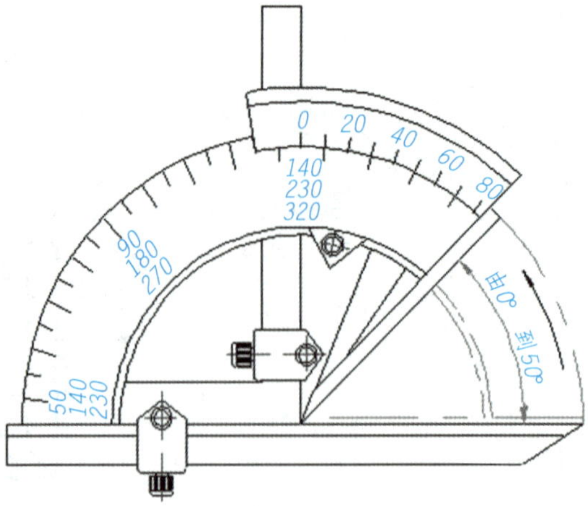

图 1－23　万能角度尺测量 0° ～ 50° 的方法

3）测量 50° ～ 140° 角度。

测量 50° ～ 140° 角度时，可把角尺卸掉，把直尺装上去，使其与扇形板连在一起，如图 1－24 所示。把零件的被测部位放在基尺和直尺的测量面之间进行测量。

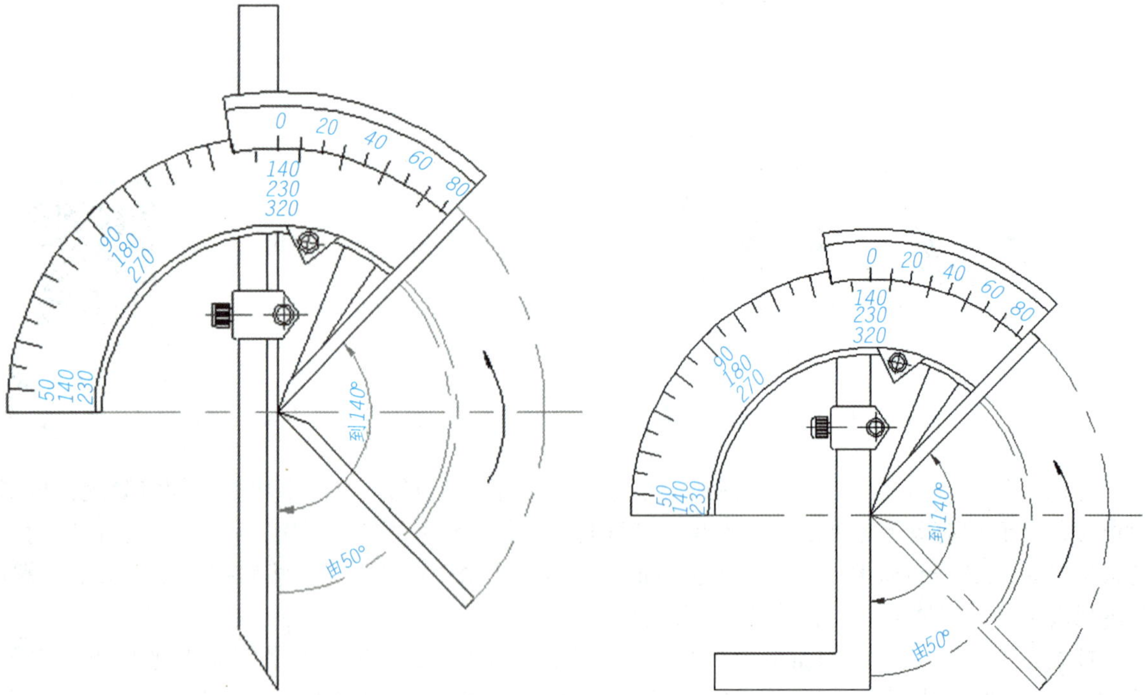

图 1－24　万能角度尺测量 50° ～ 140° 的方法

4）测量 140° ～ 230° 角度。

测量 140° ～ 230° 角度时，把直尺和卡块卸掉，只安装角尺，但要把角尺推上去，直到角尺短边与长边的交线和基尺的尖棱对齐为止，如图 1－25 所示。把零件的被测部位放在基尺和角尺短边的测量面之间进行测量。

5）测量 230° ～ 320° 角度。

测量 230° ～ 320° 角度时，把角尺、直尺和卡块全部卸掉，只保留扇形板和主尺（带基尺），如图 1－26 所示。把零件的被测部位放在基尺和扇形板测量面之间进行测量。

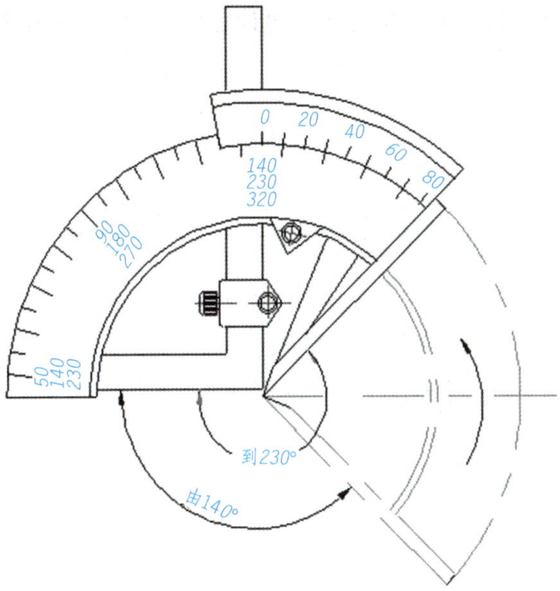

图 1－25　万能角度尺测量 140°～230° 的方法

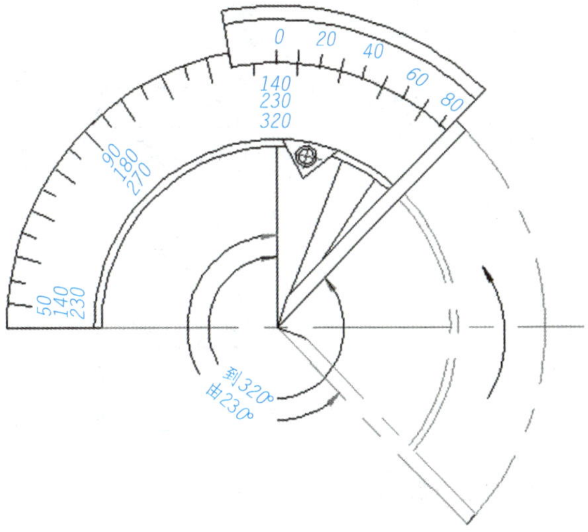

图 1－26　万能角度尺测量 230°～320° 的方法

（6）测量标准件。

1）螺纹的测量。

螺纹通常是标准化的结构。测量时需要测出螺纹的螺距和公称直径。螺纹的公称直径是大径，可使用游标卡尺或千分尺按测量直径的方法测出。螺距的测量可使用螺纹样板，螺纹样板是由一组带牙的钢片组成，每片都标有螺距数值，只要在螺纹样板上找到与被测螺纹的牙型完全吻合的钢片即可，测量方法如图 1－27（a）所示。把测得的螺距和公称直径的数值与螺纹标准进行核对，然后选取最相近的标准值。另外，也可以使用游标卡尺先测量螺纹的大径，再用薄纸压痕法测出螺距，如图 1－27（b）所示。螺纹的旋向和线数可直接观察（连接用螺纹通常为右旋单线螺纹）。

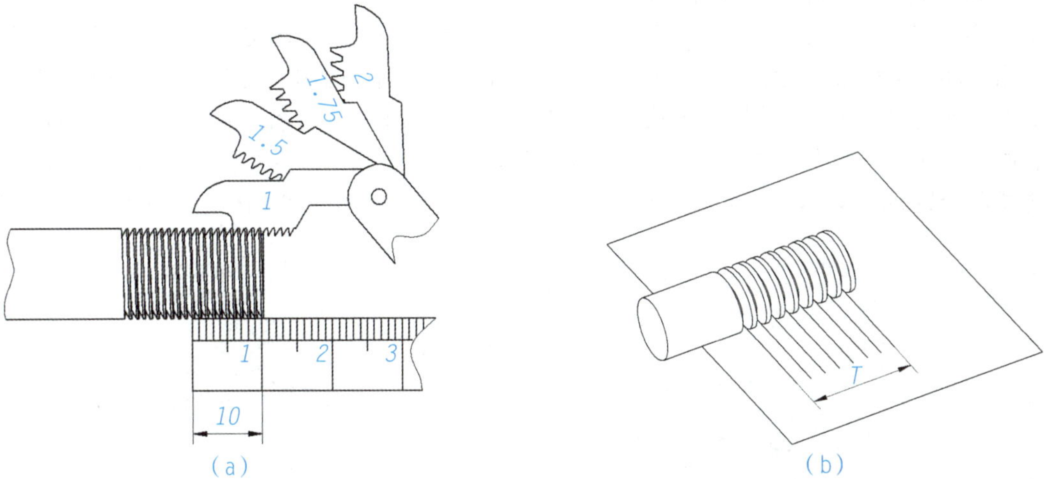

图 1－27　螺纹的测量

2）齿轮的测量。

测绘直齿圆柱齿轮时，首先要查齿数 z，齿数明确之后，按照下列步骤测绘：

① 测算齿顶圆直径 d_a。当齿轮的齿数为偶数时，可直接使用游标卡尺测得；当齿数为奇数时，先

用游标卡尺测出轴孔直径 D 和孔壁至齿顶的径向距离 H（见图 1－28），再经过计算得出，计算公式为

$d_a=D+2H$。

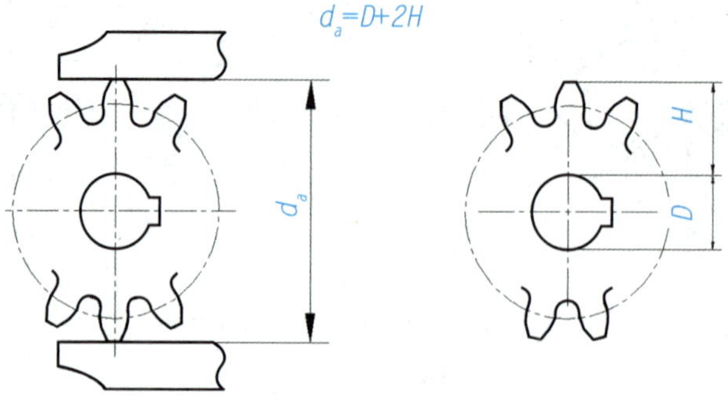

图 1－28　齿轮齿顶圆直径的测量方法

② 计算模数 m。

标准齿轮：$d_a=(z+2)m$

故，$m=d_a/(z+2)$

③ 修正模数。模数通常是标准值，可查询标准模数表以获取最接近的标准值。

④ 根据修正后的模数、齿数计算出标准齿轮的各部分尺寸。

分度圆：$d=mz$

齿顶圆：$d_a=(z+2)m$

齿根圆：$d_f=(z-2.5)m$

（7）测量曲面、曲线及圆角。

1）拓印法测量。

在测量某些具有曲线轮廓的零件时，如果对测量精度要求不高，其曲线轮廓的半径可使用拓印法或描迹法测绘。先将零件被测部位的端面涂上红丹粉，再放在白纸上拓印出其轮廓，接着分析得到的曲线，根据组成曲线的线段连接情况进行拟合。对于圆弧曲线，用几何作图的方法找出圆弧圆心，测量半径，最后根据所得尺寸按几何作图的方法画出轮廓曲线，如图 1－29 所示。如果零件边缘方便用铅笔描画出来，则可以用描迹法作出曲面曲线轮廓。而对于轮廓精度要求不高的零件，也可以先用软铅丝贴合轮廓的方式确定轮廓曲线，再轻轻地取出铅丝，平放在纸上，然后用铅笔描绘出形状并进行尺寸测量。

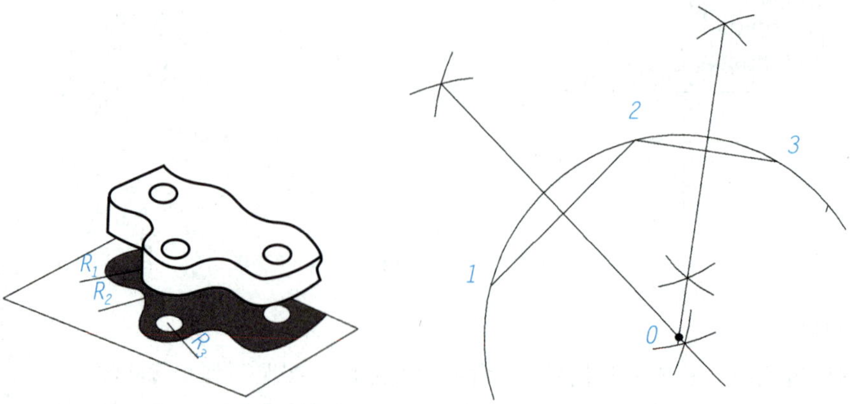

图 1－29　拓印法及圆弧轮廓作法

2）用圆角规测量圆角半径。

通常使用圆角规测量圆角。圆角规又称为 R 规，由多个大小不同的测量片组成。如图 1－30 所示为一组圆角规，一端用于测量外圆角，另一端用于测量内圆角。测量时，先目测所要测量的圆角大小，然后在圆角规中找到与圆角形状吻合的一片，即可得知圆角半径。

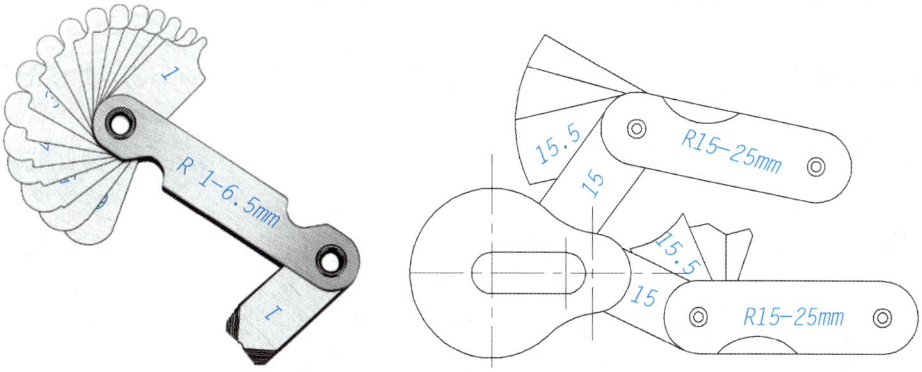

图 1－30 圆角规测量圆角半径

3）用坐标法测量曲线。

将被测表面上的曲线部分平行放在纸上，先用铅笔描画出曲线轮廓（描迹法），在曲线轮廓上确定一系列均等的点，然后逐个求出曲线上各点的坐标值，再根据点的坐标值确定各点的位置，最后按点的顺序用曲线板画出被测表面轮廓曲线，如图 1－31 所示。

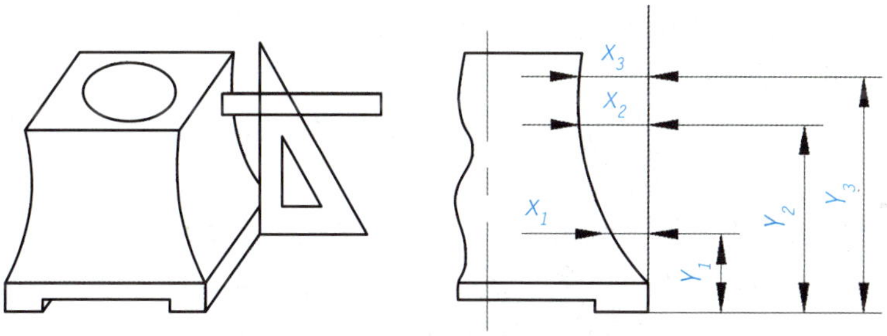

图 1－31 坐标法测量曲线

六 零件尺寸的圆整与协调

零件的尺寸在加工和测量的时候都会存在误差，零件的实测尺寸往往不是整数。尺寸的圆整，即绘制零件图时，根据零件的实测尺寸合理地推断出原设计尺寸的过程。推断时需要确定公称尺寸、尺寸公差、极限与配合等。常用的尺寸圆整的方法有设计圆整法和测绘圆整法。

设计圆整法，即以零件的实测尺寸为依据，参照同类或类似产品的配合性质及配合类别，确定公称尺寸和极限尺寸。设计圆整法包括常规设计的尺寸圆整、非常规设计的尺寸圆整。

测绘圆整法，是根据实测值与极限和配合的内在联系，来确定公称尺寸、公差、极限和配合，该方法以分析实测值为基础，具有明显的测绘特点。

1. 常规设计的尺寸圆整

常规设计是指为了方便设计和制造，并且考虑经济效益的标准化设计。例如安装和连接尺寸、有公差要求的配合尺寸、决定产品系列的公称尺寸等，这类尺寸均有互换性或系列化要求。在对常规设计的尺寸进行圆整时，公称尺寸一般应符合国家标准《标准尺寸》（GB/T 2822—2005）推荐的尺寸系列，部分内容见附表 1、附表 2；当被测绘的零件采用公制计量标准时，极限与配合应该符合我国现行标准《产品几何技术规范（GPS）线性尺寸公差 ISO 代号体系 第 1 部分：公差、偏差和配合的基础》（GB/T 1800.1—2020）和《产品几何技术规范（GPS）线性尺寸公差 ISO 代号体系 第 2 部分：标准公差带代号和孔、轴的极限偏差表》(GB/T 1800.2—2020)，部分内容见附表 3 至附表 6。

【例 1】实测一对配合的孔和轴，轴的尺寸为 ϕ15.992mm，孔的尺寸为 ϕ16.015mm，试测绘后并圆整。

解：① 确定孔和轴的公称尺寸。查询附表 2，孔和轴的尺寸都接近 16mm，因此该配合的公称尺寸确定为 ϕ16mm。

② 由于轴比孔容易加工，在实际生产中，轴孔配合一般优先采用基孔制，因此先确定孔为基准孔 H。

③ 孔的偏差为 16.015-16=0.015，批量生产情况下，实际的尺寸分布一般服从正态分布，实际测量值大致处于公差中心，常用的公差范围为（IT6 ～ IT 9）。因此可大致计算出孔的公差应在 0.015 × 2=0.03 附近取值。查询标准公差值，当取 IT8 时，孔的公差值为 0.027，接近 0.03，取值合理。轴的偏差 16-15.992=0.008，大致计算出轴的公差值为 0.016 附近的数值，查询标准公差值，当取 IT7 时，轴的公差值为 0.018，接近 0.016，取值合理。

④ 根据配合的优先选用说明（附表 8），基孔制优先、常用配合（附表 9），以及孔和轴的基本偏差数值，最终将孔的公差定为 IT8。轴的公差通常要高于孔公差一级，因此将轴的公差定为 IT7，可获得 H8/h7 的配合。

最后，进行尺寸圆整。孔为ϕ16H8（$^{+0.027}_{0}$），轴为ϕ16h7（$^{0}_{+0.018}$）。

2. 非常规设计的尺寸圆整

非常规设计尺寸是指公称尺寸和尺寸公差数值不一定都是标准化的尺寸。

（1）非常规设计尺寸圆整的一般原则。

1）性能尺寸、配合尺寸、定位尺寸在圆整时，允许保留小数点后一位；个别重要的和关键性的尺寸允许保留小数点后两位；其他尺寸保留整数。

2）将实测尺寸的小数圆整为整数或保留一、两位的小数。实践证明，删除尾数时应采用四舍六入五单双法。即在删除尾数时，逢四以下舍，逢六以上进，遇五则以保证偶数的原则决定进舍。例如：17.6 应圆整为 18（逢六以上进一）；18.3 应圆整为 18（逢四以下舍去）；21.5 和 22.5 都应圆整为 22（遇五则保证圆整后的尺寸为偶数）。

3）尾数的删除，应以删除的一组数来进行，不得逐位删除。例如：28.458，当保留一位小数时，应圆整为 28.4，而不应逐位圆整 28.458 → 28.46 → 28.5。

4）尺寸圆整时，应尽可能使其符合国家标准推荐的尺寸系列值，尺寸尾数多为 0、2、5、8 及某些偶数值。

（2）轴向功能尺寸的圆整。

大批量生产时，零件的实际尺寸分布服从正态分布，位于零件公差带中部的尺寸比例最大，所以在圆整尺寸时，可将实际测量的尺寸视为公差的中值。同时，尽量将公称尺寸按照国家标准尺寸系列圆整为整数，并保证公差在 IT9 内。公差值采用单向或双向公差。通常，轴类公差取单向负公差值，长度类尺寸采用双向公差值。

【例 2】传动轴的轴向尺寸参与装配尺寸链计算，实测后得出尺寸为 94.99mm，试将其圆整。

解：① 确定公称尺寸为 95mm。

② 查询标准公差数值表（附表 7），公称尺寸为 80 ～ 120mm，公差等级 IT9 的公差值为 0.087mm。

③ 取公差值为 0.080mm。

④ 圆整方案为（95 ± 0.04）mm。

3. 非功能尺寸的圆整

非功能尺寸即一般公差的尺寸（未注公差的线性尺寸），它包含功能尺寸外的所有非配合尺寸。

圆整这类尺寸时，主要是合理确定公称尺寸，保证尺寸的实测值在圆整后的尺寸公差范围之内，并且圆整后的公称尺寸符合国家标准规定的优先数、优先数系和标准尺寸，除个别情况外，一般不保留小数。例如，6.03 圆整为 6；100.2 圆整为 100 等。对于另外有其他标准规定的零件直径（如球体、滚动轴承、螺纹等），以及一些小尺寸，在圆整时应参照有关标准。这类尺寸的公差，即未注公差尺寸，公差等级一般规定为 IT12 ～ IT18。

4. 测绘中尺寸的协调

一台机器或设备通常是由很多零件、部件、组件等组成的。设计这些部件、组件时会产生各种尺寸链，因此在测绘时，不仅要考虑零件与零件的配合尺寸，也要考虑部件与部件之间的尺寸关系。必须将装配在一起的或装配尺寸链中有关的零件一起测量，再对测量结果加以比较，最后一并确定公称尺寸和尺寸偏差。

七　零部件测绘的技术要求

为保证零件预定的设计要求和使用性能，必须在零件图或装配图上标注或说明零件在加工制造过程中的技术要求，如尺寸公差、几何公差、表面粗糙度、热处理等。

1. 极限与配合

（1）标准公差等级的选择。

标准公差等级的高低不仅影响产品的性能，还会影响加工成本。因此，选择原则是在满足零件使用要求的前提下，尽可能采用较低的标准公差等级，做到既合用又经济。

由于标准公差等级较高时，孔较轴更难加工，因此当尺寸小于等于 500mm 时，通常使孔的标准公差等级比轴的标准公差等级低一级。对于公差等级低于 IT8 或基本尺寸大于 500mm 的配合，推荐选用同级孔、轴配合。在一般机械中，重要的精密部位可选用 IT5、IT6；常用部位选用 IT6 ～ IT8；次要部位选用 IT8、IT9。公差等级的选用说明见附表 11。

（2）配合制的选择。

公称尺寸相同，相互结合的轴和孔公差带之间的关系称为配合。配合可分为间隙配合、过渡配合和过盈配合三类。同一极限制的孔和轴组成的一种配合制度称为配合制。国家标准规定了两种配合制，即基孔制和基轴制。基孔制是基本偏差为一定（H）的孔的公差带，与不同基本偏差的轴的公差带形成各种配合的一种制度，基孔制配合的孔称为基准孔，其基本偏差代号为 H。基轴制是基本偏差为一定（h）的轴的公差带，与不同基本偏差的孔的公差带形成各种配合的一种制度，基轴制配合的轴称为基准轴，其基本偏差代号为 h，基轴制优先、常用配合见附表 10。由于轴比孔易于加工，因此优先选用基孔制配合。

（3）标注方法。

1）零件图中的标注方法。

在零件图中，与其他零件有配合关系的尺寸可采用 3 种方式进行标注：一般采用在公称尺寸后面标注极限偏差的方式，也可以采用在公称尺寸后面标注公差带代号的方式，或两种方式同时采用，如图 1－32 所示。

2）装配图中的标注方法。

在装配图上一般只标注配合代号。配合代号用分数形式表示，分子为孔的公差带代号，分母为轴的公差带代号，如图 1－33 所示。

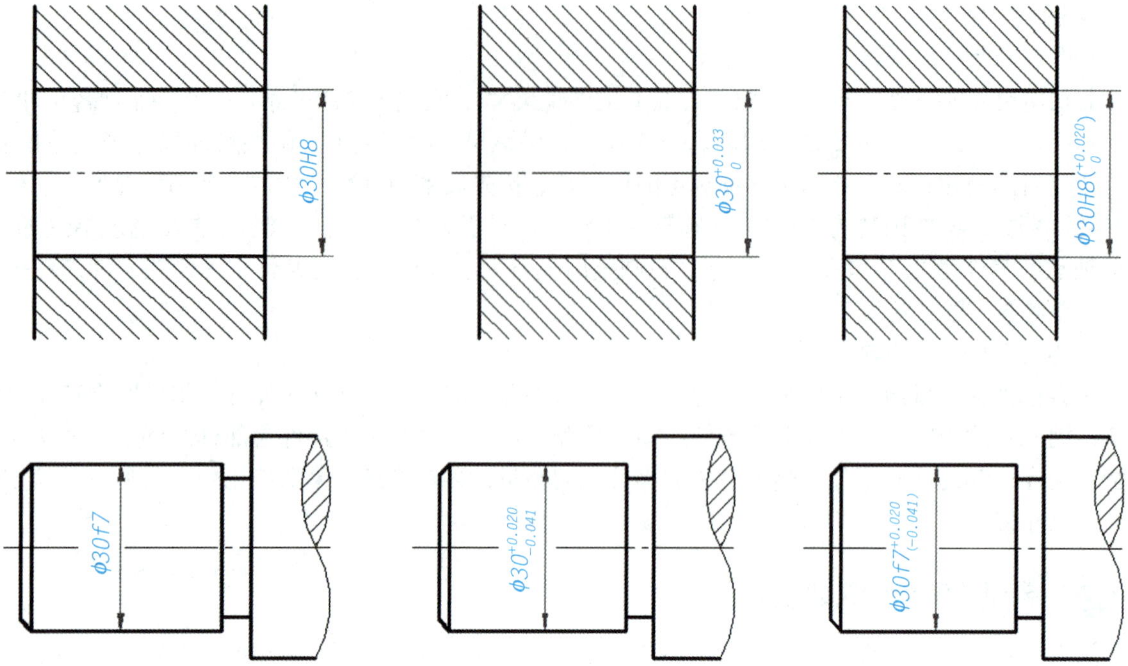

（a）在公称尺寸后面标注公差带代号　（b）在公称尺寸后面标注极限偏差　（c）两种方式同时采用

图 1－32　零件图的极限与配合的标注

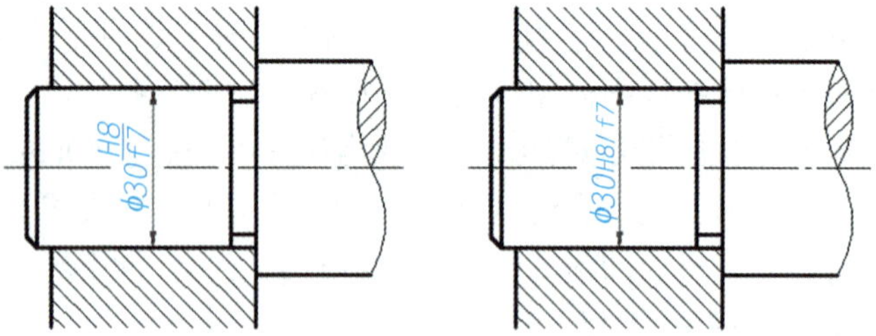

图 1－33　装配图的极限与配合的标注

2. 几何公差

（1）几何特征及符号。

几何公差是针对构成零件几何特征的点、线、面的形状和位置误差所规定的公差。几何公差包括形状、方向、位置和跳动公差。几何公差项目符号见表 1－2。

表 1－2　几何公差项目符号

公差类型	几何特征	符号	有无基准	公差类型	几何特征	符号	有无基准
形状公差	直线度	—	无	方向公差	线轮廓度	⌒	有
	平面度	▱	无		面轮廓度	⌓	有
	圆度	○	无	位置公差	位置度	⌖	有
	圆柱度	⌭	无		同轴度	◎	有
	线轮廓度	⌒	无		对称度	⌯	有
	面轮廓度	⌓	无		线轮廓度	⌒	有
方向公差	平行度	//	有		面轮廓度	⌓	有
	垂直度	⊥	有	跳动公差	圆跳动	↗	有
	倾斜度	∠	有		全跳动	⌰	有

（2）标注方法。

几何公差框格用细实线画出，框格的高度是图中尺寸数字的 2 倍，由两格或多格组成，框格中的内容从左到右按公差特征符号、公差值、基准要素及（或）有关附加符号的次序填写，如图 1－34 所示。

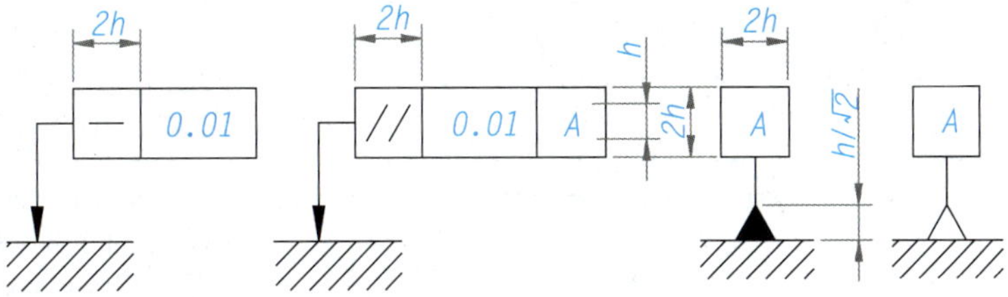

图 1－34　几何公差的标注

被测要素的标注：指引线连接被测要素和公差框格，指引线的箭头指向被测要素的表面或其延长线，箭头方向一般为公差带的方向。

基准要素的标注：基准符号由带方框的大写字母与用细实线连接的实心或空心三角形组成，方框中的字母一律水平书写。

（3）几何公差等级的选择。

零件要素的几何公差值决定几何公差带的宽度或直径，是控制零件制造精度的重要指标。合理地给出公差值，对于保证产品功能、提高产品质量、降低制造成本具有重要意义。

1）公差等级。

应根据零件的功能要求，并考虑加工经济性以及零件的结构、刚性等情况，参考相关标准给出合理的公差值。几何公差值的大小由几何公差等级确定（几何主参数），确定几何公差值实际上就是确定几何公差等级。在国家标准中，除线轮廓度和面轮廓度外，其余 12 个公差项目都规定了公差值数系列，其中，除位置度公差外，其余 11 个项目还划分了公差等级。圆度和圆柱度划分 13 个等级，即 0 级、1 级……12 级，其中 0 级精度最高，其余精度依次降低。除圆度和圆柱度以外的项目划分为 12 个等级，即 1 级、2 级……12 级，其中 1 级精度最高，其余精度依次降低。

2）几何公差等级与相关因素的关系。

几何公差等级与尺寸公差等级、表面粗糙度、加工方法等因素有关，故选择几何公差值时，可参照这些因素加以确定。

3. 表面粗糙度

零件经过加工后，表面会产生许多微小的凸峰和凹谷，它们形成的微观几何形状特性称为表面粗糙度。

（1）图形符号及标注方法。

表面粗糙度图形符号的含义见表 1－3。

表 1－3　表面粗糙度图形符号的含义

符号名称	符号	含义
基本图形符号	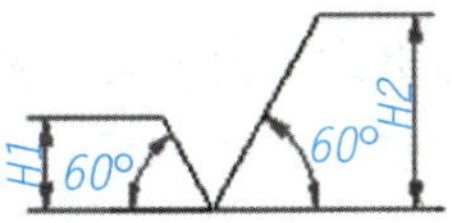	未指定工艺方法的表面，仅用于简化符号的标注，没有补充说明时不能单独使用

续表

符号名称	符号	含义
扩展图形符号		用去除材料方法获得的表面，仅当其含义是“被加工表面”时可单独使用
		不去除材料的表面，也可用于表示保持上道工序形成的表面，不管这种状况是通过去除材料或不去除材料形成的
完整图形符号		当要求标注表面结构特征的补充信息时，在上述 3 个符号的长边上可加一横线，用于标注有关参数或说明
工件轮廓各表面有相同的表面结构的图形符号（全周符号）	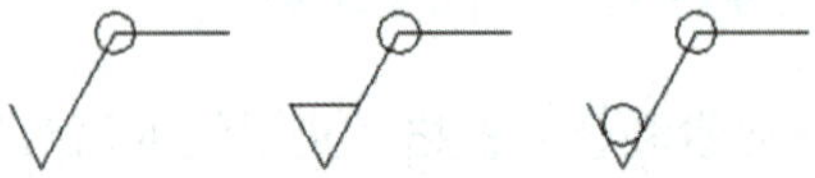	在上述 3 个符号的长边上加一个圆圈，表示对投影视图上封闭的轮廓线所表示的各表面有相同的表面结构要求

表面粗糙度符号应注在可见轮廓线、尺寸线、尺寸界线或它们的延长线上。符号的尖端必须从材料外指向表面。一般结构表面粗糙度的标注方法如图 1－35 所示。

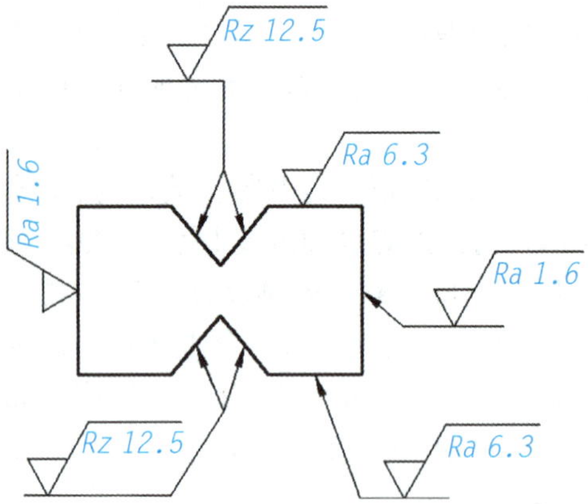

图 1－35　一般结构表面粗糙度的标注方法

（2）选用原则。

1）在满足零件表面使用功能的前提下，表面粗糙度的要求尽可能低，即尽量选用大的参数值，以减小加工难度，降低制造成本。

2）在同一个零件上，非工作表面比工作表面的表面粗糙度值大。

3）受循环载荷的表面及容易引起应力集中的表面（如圆角、沟槽），表面粗糙度值要小。

4）配合性质相同时，尺寸小的零件比尺寸大的零件的表面粗糙度值小；同一公差等级，小尺寸比大尺寸的表面粗糙度值要小、轴比孔的表面粗糙度值要小。

5）运动速度快、单位压力大的摩擦表面比运动速度慢、单位压力小的非摩擦表面的表面粗糙度值小。

6）一般情况下，尺寸和表面形状精确程度要求高的表面，表面粗糙度值要小。

表面粗糙度值主要根据不同的应用场合及加工方法确定，通常采用类比法，具体可参考附表 12、附表 13。

4. 材料及热处理

（1）常用的金属材料。

为了轻便，测绘模型常采用铝合金材料，但图样中必须合理地反映零件的真实材料。常用金属材料的特点及应用举例见附表 14。

（2）常用的非金属材料。

按照性能用途，非金属材料可分为高强度结构材料、减摩耐磨材料、密封材料、电绝缘材料与耐高温保温材料。这里简单介绍几类用于制作密封、防震缓冲件的材料。

1）工业用毛毡。工业用毛毡有细毛、半粗毛、粗毛等类别，用于制作密封、防震缓冲衬垫。

2）工业用橡胶板。工业用橡胶板具有耐溶剂介质膨胀性能，可在一定温度的润滑油、变压器油、汽油等介质中工作，用于制作各种形状的垫圈。

3）软钢纸板。软钢纸板用于制作零件连接处的密封垫片。

（3）热处理。

热处理是指金属材料在固态下，通过加热、保温、冷却等手段，改变金属材料内部的组织状态，从而获得所需性能的一种热加工工艺。常见的热处理方法和应用范围见附表 15。

八　装配图的绘制

表达机器（或部件）的工作原理、结构性能和各零件间装配连接关系的图样称为装配图。装配图的绘制步骤如下：

1. 确定视图表达方案

（1）主视图的选择。

主视图的选择应能较好地表达部件的工作原理和主要装配关系，并尽可能按工作位置放置，使主要装配轴线处于水平或垂直位置。

（2）其他视图的选择。

针对主视图未能表达清楚的装配关系和零件间的相对位置，选用其他视图来补充（剖视、断面、拆去某些零件、剖视中再套用剖视），将装配关系表达清楚。其他视图的选择应考虑以下几点：

1）分析还有哪些装配关系、工作原理及零件的主要结构形状还没有表达清楚，从而选择适当的视图及相应的表达方法。

2）尽量采用基本视图，并在基本视图上作剖视来表达有关内容。

3）合理布置视图，确保图形清晰，便于看图。

2. 确定比例和图幅

确定装配体表达方案后，根据测绘零部件的总体尺寸、复杂程度确定绘图比例；同时综合考虑尺寸标注、零件序号和标题栏所占位置，确定图幅。

3. 绘制装配图

（1）布图。

在选定的图幅上将标题栏和明细栏的位置定好，然后在合理的位置绘制各视图的轴线、中心线、基准线。

（2）画主要零件的轮廓。

根据测绘实物，按照先画主要零件或较大零件的顺序，画出主要零件各视图轮廓线，一般先从主视图开始，几个视图结合起来画。

（3）画其他零件的轮廓。

按照各零件的大小、相对位置和装配关系，依次根据定位和遮挡关系将各零件表达出来。

（4）检查、填充。

完成连接件等局部结构的绘制并检查修正，填充剖面符号。

（5）尺寸标注。

一张完整的装配图所标注的尺寸应包括性能尺寸、装配尺寸、安装尺寸、外形尺寸和其他重要尺寸。

（6）填写技术要求。

装配图中的技术要求包括装配要求与检验要求。

装配要求通常包括以下四点：

1）装配后必须保证的准确度。如平行度、垂直度、位置度、同轴度等。

2）装配中要求的加工说明。

3）装配时的要求。

4）指定的装配方法。

检验要求通常包括以下三点：

1）基本性能的检验方法和条件。

2）装配后达到准确度的检验方法。

3）其他检验要求。对产品的基本性能、维护保养的要求以及操作注意事项。

（7）完成装配图。

加深图线、编写零件序号、填写标题栏和明细栏，完成装配图。

九 零件工作图的绘制

零件工作图的绘制步骤与零件草图的绘制步骤基本相同，但是零件工作图不是简单地抄画零件草图，因为零件工作图是制造零件的依据，所以对零件草图的要求更加精确、完善。零件草图中存在的不合理、不完善之处，在绘制零件工作图时，应进行必要的调整与修正。为了满足生产需要，一张完整的零件工作图应包含以下内容：

1. 一组视图

要综合运用视图、剖视、断面图及其他规定画法和简化画法，选择能把零件的内、外结构和形状表达清楚的一组视图。

2. 完整的尺寸

尺寸用于确定零件各部分的大小和位置。零件图上应注出加工完成和检验零件是否合格所需的全部尺寸。

3. 标题栏

标题栏用于注明零件的名称、材料、数量，图样编号、比例，以及描绘、审核人员等信息。根据国家标准，标题栏有固定形式及尺寸，制图时应按标准绘制。

4. 技术要求

用规定的符号、数字、字母和文字注解，简明、准确地给出零件在使用、制造和检验时应达到的一些技术要求（包括表面粗糙度、尺寸公差、形状和位置公差、表面处理和材料处理等要求）。

如图 1－36 所示为一张完整的柱塞套零件工作图。

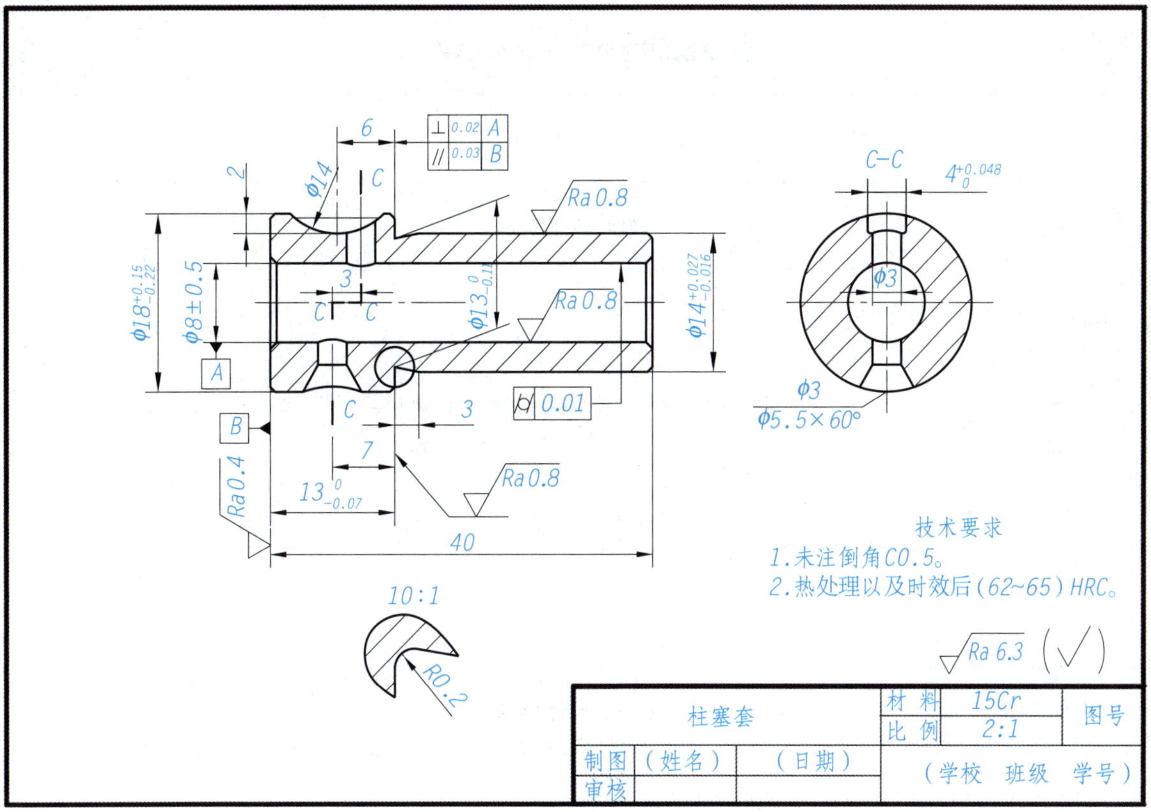

图 1-36　柱塞套零件工作图

测量工具读数与尺寸圆整任务单

班级： 姓名： 学号： 分数：

1. 游标卡尺读数练习

写出下面游标卡尺的读数（精度 0.02mm）。

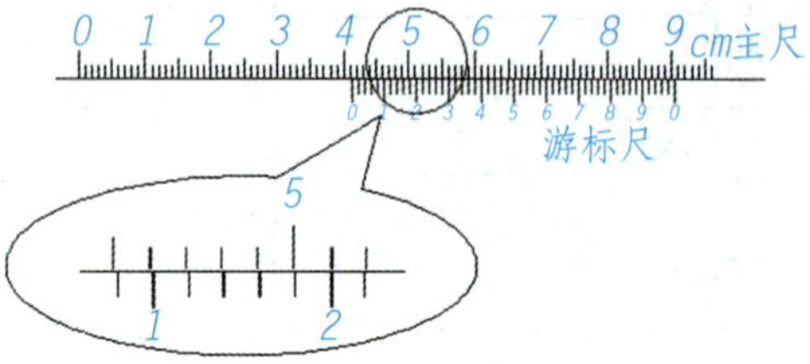

读数为：____________________

2. 千分尺读数练习

写出下面千分尺的读数（精度 0.01mm），合理估读小数点后第三位。

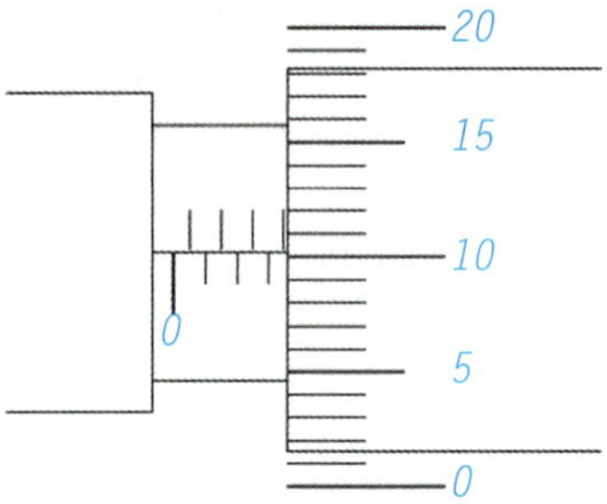

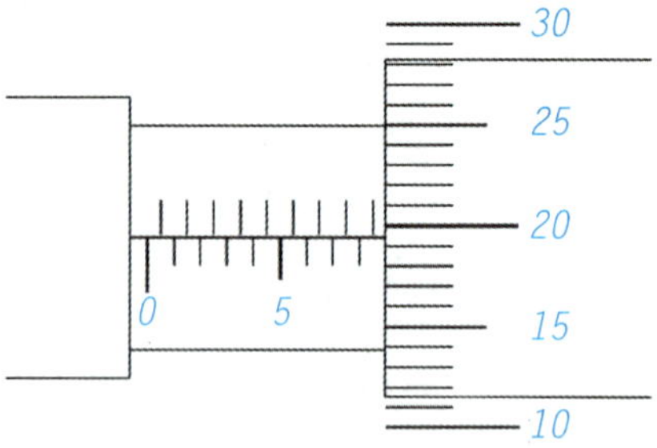

读数为：____________________ 读数为：____________________

3. 角度尺读数练习

写出下面万能角度尺的读数（精度 2′）。

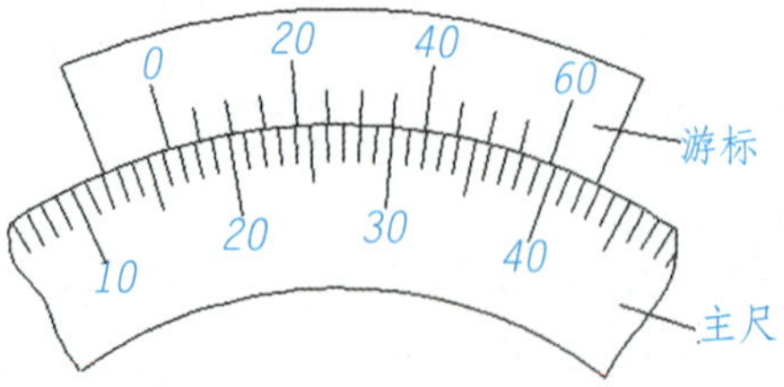

读数为：____________________

续表

测量工具读数与尺寸圆整任务单
4. 尺寸的圆整练习
1. 实测一对配合的孔和轴，轴的尺寸为 ϕ50.012mm，孔的尺寸为 ϕ50.023mm。试测绘后圆整，并确定尺寸公差。
2. 某传动轴的轴向尺寸参与装配尺寸链计算，实测值为 223.95mm。试将其圆整。 步骤： （1）公称尺寸：________________。 （2）公差等级：________________。 （3）公差值：________________。 （4）圆整方案：____。

项目二 典型零件测绘

项目导读

通过学习典型零件的测绘，进一步掌握零件测绘的方法和步骤，并熟练掌握测绘工具的使用，为今后的工作打好坚实的基础。

项目目标

学习目标

- 了解典型零件的结构特点和视图表达方案。
- 掌握典型零件尺寸的测量与标注方法。
- 掌握典型零件草图及零件图的画法。

素养目标

- 通过分组测绘典型零件，培养学生互相帮助、互相学习、团队协作的工作作风。

任务引入

根据零件在机器或部件中的位置及作用，一般可以把零件分为以下三种类型：

（1）标准件：它的结构、尺寸、加工要求和画法等均已标准化、系列化。如螺栓、螺母、垫片、键、销、滚动轴承等。

（2）常用件：它的部分结构、尺寸和参数已标准化、系列化。如齿轮、带轮、弹簧等。

（3）典型零件：如图 2－1 所示，典型零件通常可分为轴套类、轮盘类、叉架类、箱壳类等。这类零件必须画出零件图以供加工。测绘典型零件是学生必须掌握的技能。

图 2－1　典型零件模型

任务一 轴套类零件测绘

知识图谱

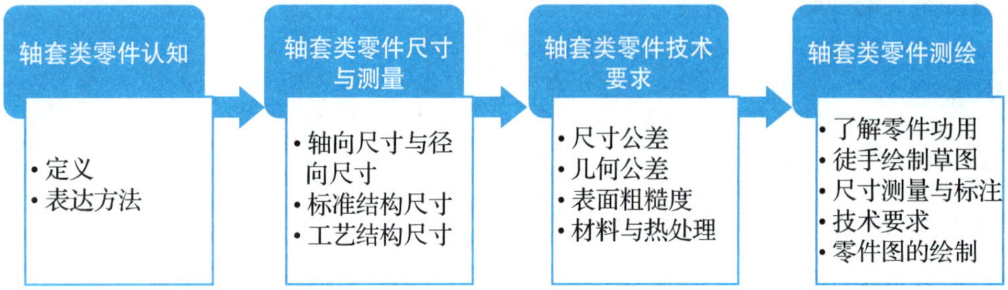

知识链接

一 认识轴套类零件

1. 轴套类零件简介

轴套类零件是机器中常用的典型零件之一，主要用于支承传动件、传递扭矩和承受载荷。轴套类零件大多由位于同一轴线上数段直径不同的回转体组成，涉及同心轴的外圆柱面、圆锥面、内孔、螺纹以及相应的端面等，轴向尺寸一般比径向尺寸大。根据结构形状不同，轴类零件可分为光轴、阶梯轴、空心轴和曲轴，套类零件可分为轴套、空心套等。

2. 轴套类零件的表达方法

（1）非圆视图水平摆放作为主视图。

（2）用局部视图、局部剖视图、断面图、局部放大图等作为补充。

（3）对于形状简单的长轴或套可断开以缩短绘制。

（4）空心套类零件由于多存在内部结构，一般采用全剖视、半剖视或局部剖视绘制。

二 轴套类零件的尺寸与测量

1. 轴向尺寸与径向尺寸的测量

轴套类零件的尺寸主要有轴向尺寸和径向尺寸两类，重要的轴向尺寸要以轴的安装端面（轴肩端面）为主要尺寸基准，其他尺寸可以以轴的两头端面作为辅助尺寸基准。径向尺寸（轴的直径尺寸）是以轴的中轴线为主要尺寸基准。

轴的轴向尺寸一般为非配合尺寸，可用钢直尺、游标卡尺直接测量各段的长度和总长度，然后圆整成整数。轴套类零件的总长度应直接度量出数值，不可用各段轴的长度累加计算。

轴的径向尺寸多为配合尺寸，应先用游标卡尺或千分尺测量出各段轴径，再根据配合类型及表面粗糙度等级查阅轴或孔的极限偏差表，对照选择相对应的轴的基本尺寸和极限偏差值。

2. 标准结构尺寸测量

轴套类零件上的螺纹主要起定位和锁紧作用，一般以普通三角形螺纹居多。普通螺纹的大径和螺距可以用螺纹量规直接测量，也可以先用综合测量法测量，再查阅标准螺纹表选用接近的标准螺纹尺寸。

轴套类零件上一般还有键槽，其尺寸主要有长度 L、槽宽 b 和槽深 t 三种。从键槽的外形可以判断键的类型。根据测量所得的 L、b、t 值，结合键槽所在轴段的基本直径尺寸，查阅国家标准《平键 键槽的剖面尺寸》(GB/T 1095—2003）即可确定键的类型和键槽的标准尺寸。

销的作用是定位，常用的销有圆柱销和圆锥销。测量时，先用游标卡尺或千分尺测出销的直径和长度（圆锥销测量小头直径)，然后根据销的类型查表确定销的公称直径和长度。

3. 工艺结构尺寸的测量

轴套类零件上常见的工艺结构有退刀槽、倒角、倒圆、中心孔等。测绘时，先测得这些结构的尺寸，然后查阅有关工艺结构的画法与尺寸标注方法，进行规范绘制和标注。轴套类零件常见工艺结构及标注见表 2－1。

表 2－1　轴套类零件常见工艺结构及标注

倒角与圆角	45° 倒圆与倒角的标注	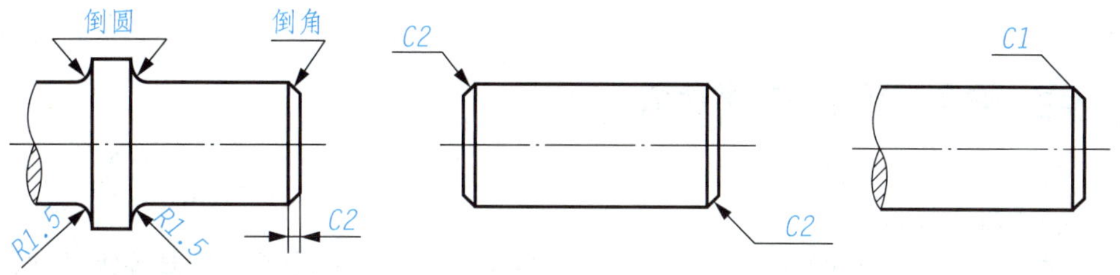
	非 45° 倒角的标注	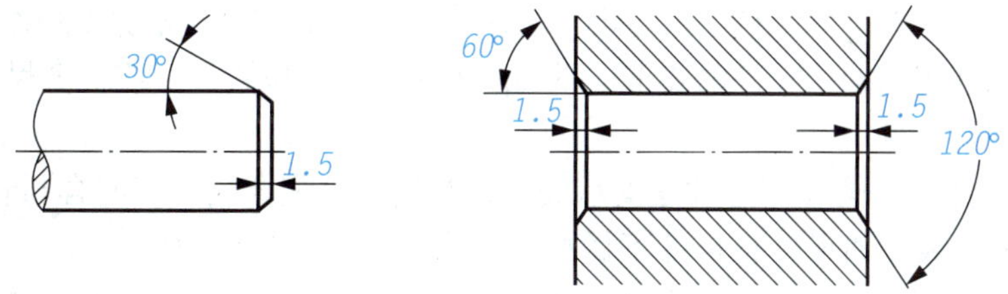
退刀槽与越程槽	外退刀槽	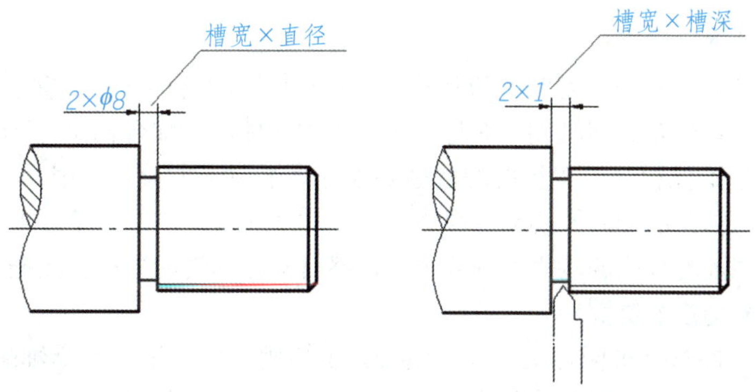

续表

退刀槽与越程槽	内退刀槽	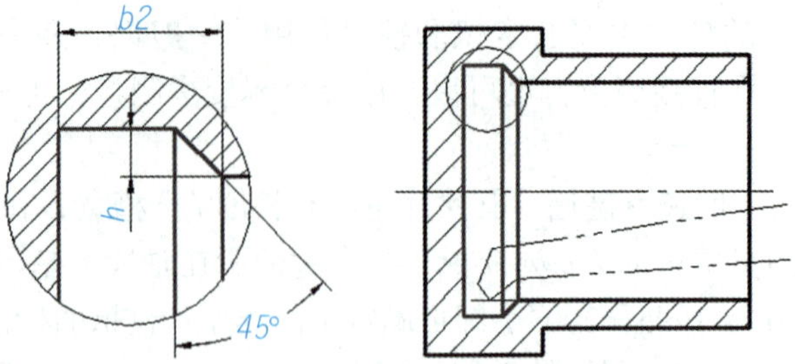
	砂轮越程槽	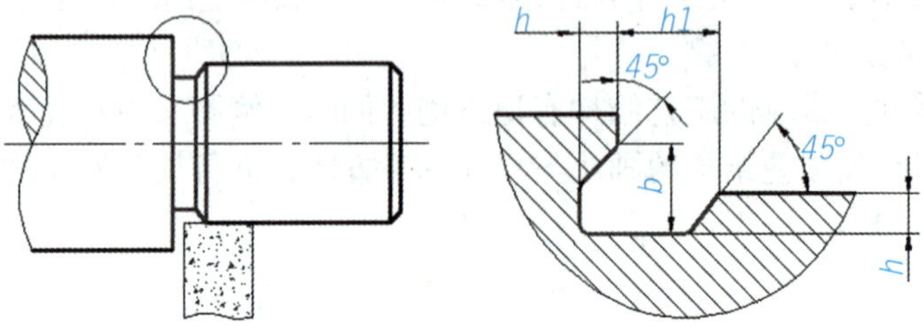

三 轴套类零件的技术要求

1. 尺寸公差的选择

（1）轴类零件。

轴与其他零件有配合要求的尺寸，应标注直径的尺寸公差。公差等级的选择遵循一个基本原则，就是在满足使用要求的前提下，应尽量选择低公差等级。有配合关系的外圆和内孔应标注出直径尺寸的极限偏差，与标准化结构（如齿轮、蜗杆等）有关的轴孔，或与标准化零件配合的轴孔尺寸的极限偏差应符合标准化结构或零件的要求。重要阶梯轴的轴向位置尺寸或长度尺寸应标注出极限偏差。

（2）套类零件。

套类零件的外圆表面通常是支承表面，常用过盈配合或过渡配合与轮上的孔配合，外径公差一般为 IT6 ～ IT7 级。如果外径尺寸不做配合要求，可直接标注直径尺寸。为了便于加工，孔的尺寸公差通常要比轴的尺寸公差低一个等级，套类零件的孔径尺寸公差一般为 IT7 ～ IT9 级。精密轴套孔的尺寸公差为 IT6 级。

2. 几何公差的选择

轴类零件的形状公差是圆度和圆柱度，它直接影响传动零件、轴承与轴配合的松紧程度及对中性。轴类零件的位置公差有同轴度、对称度等，轴类零件中的配合轴颈（装配传动件的轴颈）相对于支承轴颈的同轴度是确保相互位置精度的普遍要求。为了便于测量，常用径向圆跳动来表示。普通配合精度下，轴对支承轴颈的径向圆跳动一般为 0.01 ～ 0.03mm；高配合精度下为 0.001 ～ 0.005mm。此外，还有轴向定位端面与轴线的垂直度等要求，最终目标是轴转动平稳，无振动和噪声。

3. 表面粗糙度的选择

轴套类零件都是机械加工表面，结合以上原则可知，轴的支承轴颈表面粗糙度等级较高，通常选择 Ra=0.8 ～ 3.2，其他配合轴径的 Ra=3.2 ～ 6.3，非配合表面的 Ra=12.5。

套类零件有配合要求的外表面的 Ra=0.8 ～ 1.6。孔的 Ra=0.8 ～ 3.2。在实际制图测绘时，零件各表面的表面粗糙度可采用类比的方法参考同类零件确定。

4. 材料与热处理的选择

选择轴类零件材料时，应考虑工作条件和使用要求，并根据实际情况选择相应的热处理方法。

任务实践

一 主动齿轮轴零件分析

齿轮油泵的主动齿轮轴实物模型如图 2－2 所示，由 4 段轴径和 1 个齿轮构成。

图 2－2 主动齿轮轴实物模型

主动齿轮轴是齿轮油泵的主要零件，用于支承和连接轴上的零件，使轴系零件具有确定的位置并传递运动和扭矩。齿轮油泵的齿轮分度圆直径和轴连接位置的轴径相差不大，故设计为齿轮轴。齿轮轴的特点是其结构为同轴回转体，主要由圆柱体、齿轮和螺纹等组成，在轴上加工有键槽、倒角等工艺结构。

齿轮轴的形状取决于轴系零件在齿轮轴上的安装位置、齿轮轴在泵体中的安装位置，以及齿轮轴在加工及装配中的工艺要求。

齿轮轴的长度主要取决于齿轮轴零件的尺寸和功能尺寸，齿轮轴的径向尺寸主要取决于对齿轮轴的强度和刚度的要求。

二 主动齿轮轴测绘步骤

1. 分析零件，确定表达方案

明确主动齿轮轴的作用及加工方法，对主动齿轮轴进行形体分析、结构分析，确定主视图、其他视图数量和表达方法。

因为主动齿轮轴在车床上加工，所以按加工位置确定主视图，即轴线水平放置；其主要结构是回转体，一般只画一个主视图；右端有键槽，键槽向前，键槽的形状和深度可采用移出断面图来表达；齿轮部分采用规定画法。

2. 零件草图的绘制

零件草图是绘制零件图的依据，必要时还可以直接指导生产。

（1）确定图幅，目测主动齿轮轴实物，选择 A4 图纸，绘图比例 1∶1。

（2）徒手绘制图框、标题栏，由于该零件有齿轮，因此应在图框右上角画出参数栏，如图 2－3 所示。

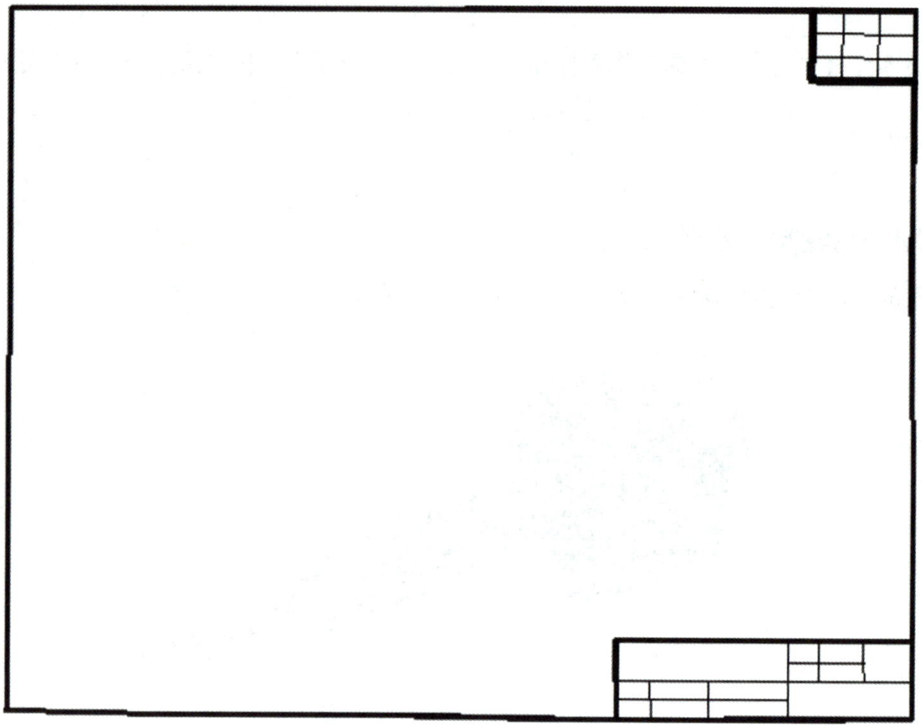

图 2-3　图框、标题栏

（3）徒手绘制主视图中心线与移出断面图中心位置，如图 2-4 所示。

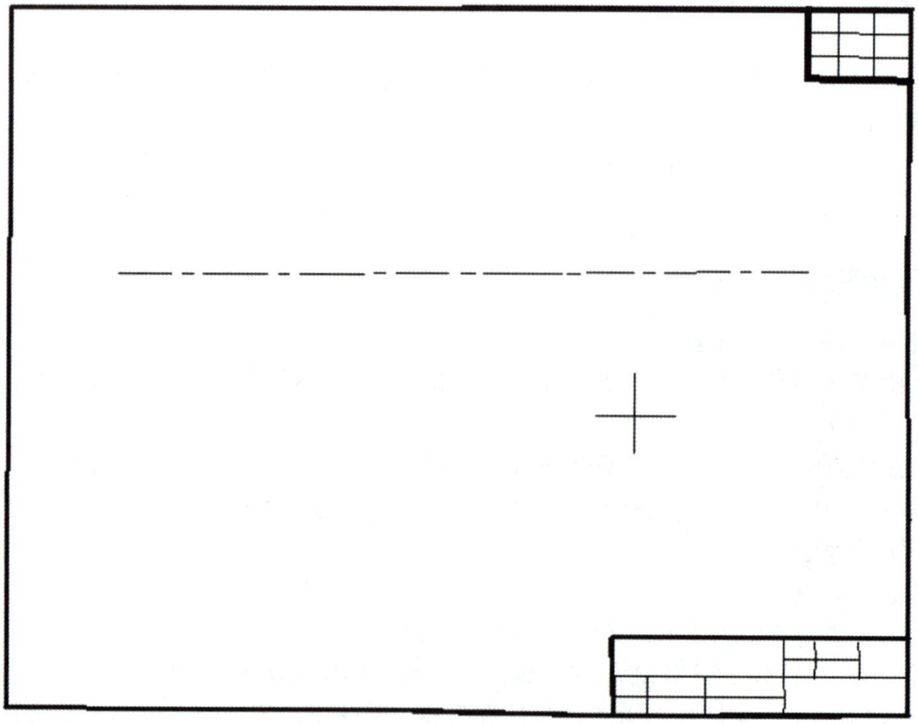

图 2-4　基准线

（4）徒手绘制主动齿轮轴轮廓草图，包括齿轮结构、螺纹结构和键槽，如图 2－5 所示。

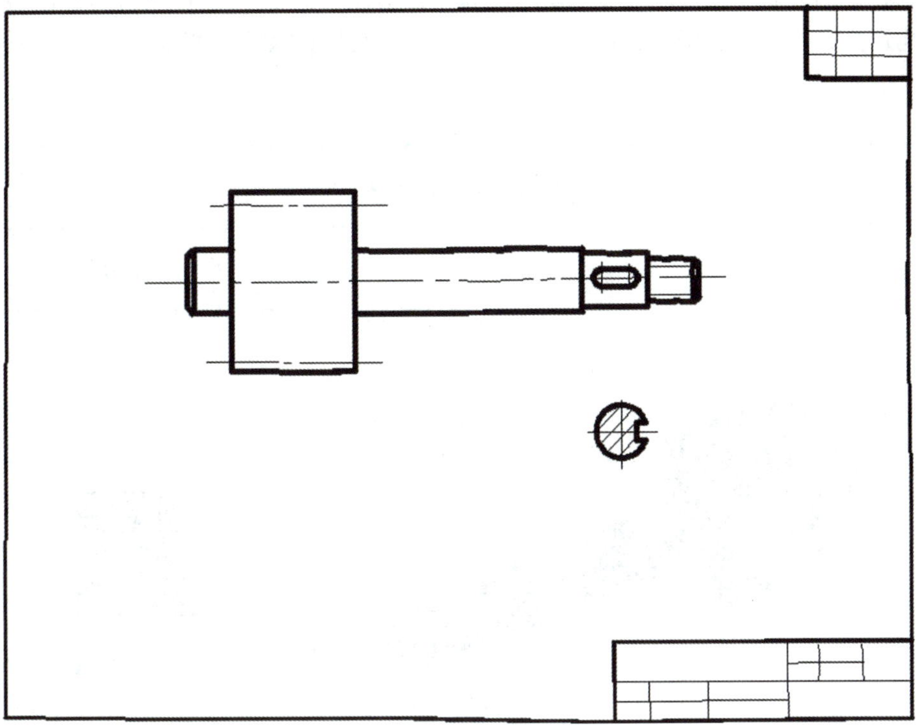

图 2－5　主动齿轮轴轮廓草图

（5）选定尺寸基准，徒手画出全部尺寸界线、尺寸线和箭头，如图 2－6 所示。

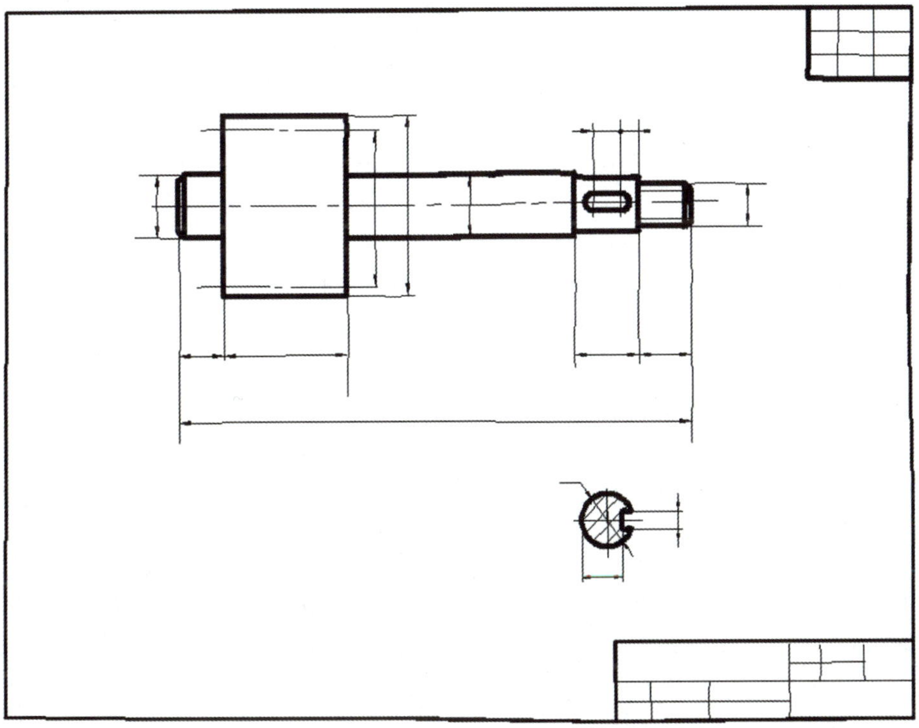

图 2－6　尺寸界线、尺寸线和箭头

3. 尺寸测量与标注

（1）绘制好草图之后，使用测量工具集中测量主动齿轮轴的轴向尺寸、径向尺寸、标准结构尺寸以及工艺结构尺寸；查阅相关资料，确定尺寸公差、几何公差以及表面粗糙度。自行完成轴类零件测绘任务单。

<table>
<tr><th colspan="4">轴类零件测绘任务单</th></tr>
<tr><td>班级：</td><td>姓名：</td><td>学号：</td><td>分数：</td></tr>
<tr><td colspan="4">主动齿轮轴：

主动齿轮轴测量</td></tr>
<tr><th colspan="4">1. 测量工具</th></tr>
<tr><td colspan="4">列出主动齿轮轴测量工具：</td></tr>
<tr><th colspan="4">2. 尺寸测量</th></tr>
<tr><td colspan="4">（1）轴向尺寸与径向尺寸</td></tr>
<tr><td colspan="4">主动齿轮轴总长：</td></tr>
<tr><td>轴段 1</td><td>轴向尺寸：</td><td colspan="2">径向尺寸：</td></tr>
<tr><td>轴段 2</td><td>轴向尺寸：</td><td colspan="2">径向尺寸：</td></tr>
<tr><td>轴段 3</td><td>轴向尺寸：</td><td colspan="2">径向尺寸：</td></tr>
<tr><td rowspan="2">齿轮轴</td><td>齿顶圆直径：</td><td colspan="2">齿厚：</td></tr>
<tr><td>模数：</td><td colspan="2">分度圆直径：</td></tr>
<tr><td colspan="4">（2）标准结构尺寸</td></tr>
</table>

续表

<table>
<tr><th colspan="3">轴类零件测绘任务单</th></tr>
<tr><td rowspan="4">键槽</td><td rowspan="3">定形尺寸：</td><td>槽宽 b：</td></tr>
<tr><td>槽深 t：</td></tr>
<tr><td>长度 L：</td></tr>
<tr><td colspan="2">定位尺寸：</td></tr>
<tr><td rowspan="3">螺纹</td><td colspan="2">螺纹特征代号：</td></tr>
<tr><td colspan="2">大径：</td></tr>
<tr><td colspan="2">长度：</td></tr>
<tr><td colspan="3">（3）工艺结构尺寸</td></tr>
<tr><td>倒角</td><td colspan="2">定形尺寸：</td></tr>
<tr><th colspan="3">3. 技术要求</th></tr>
<tr><td colspan="3">（1）尺寸公差：</td></tr>
<tr><td colspan="3">（2）几何公差：</td></tr>
<tr><td colspan="3">（3）表面粗糙度：</td></tr>
<tr><td colspan="3">（4）文字技术要求：</td></tr>
</table>

（2）在主动齿轮轴轮廓草图中填写尺寸数值，如图 2－7 所示。

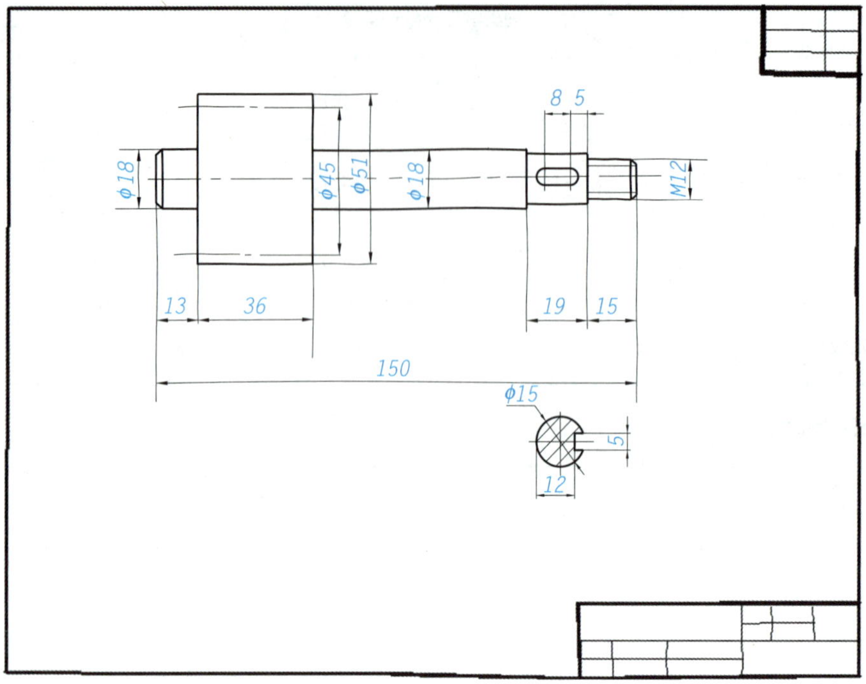

图 2－7　主动齿轮轴的尺寸标注

4. 技术要求和标题栏的填写

在主动齿轮轴轮廓草图中标注各表面的表面结构代号、尺寸公差、几何公差等；填写技术要求和标题栏内容。全图检查无误后，完成主动齿轮轴零件草图，如图 2－8 所示。

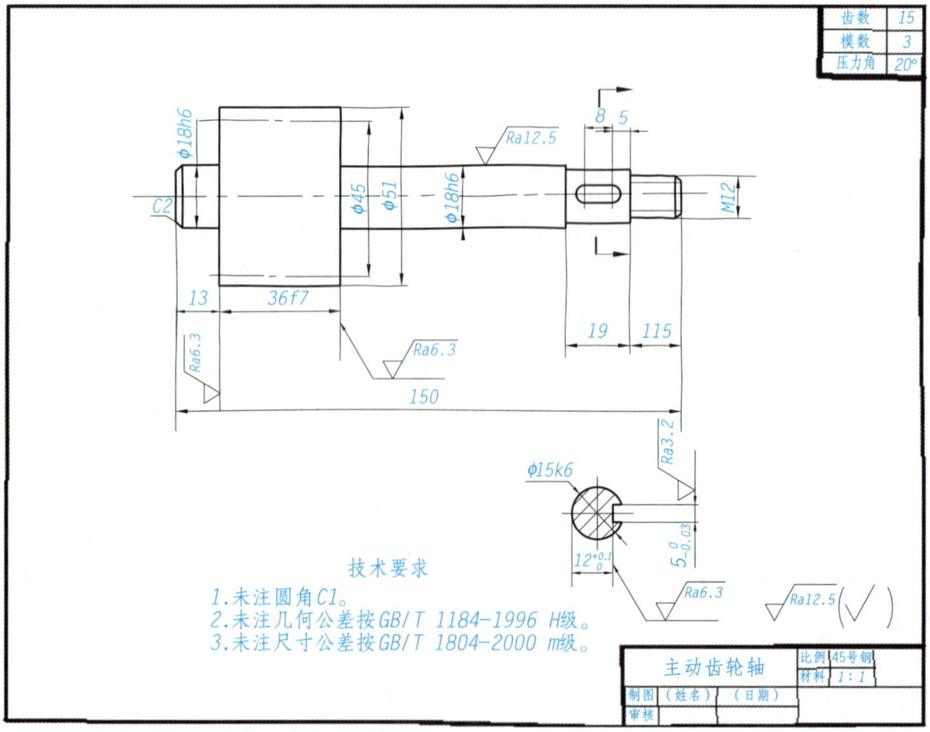

图 2－8　主动齿轮轴零件草图

5. 主动齿轮轴零件图的绘制

根据已绘制的主动齿轮轴草图，使用绘图工具或计算机软件绘制主动齿轮轴零件图（如图 2-9），绘制方法和步骤与绘制草图相同。

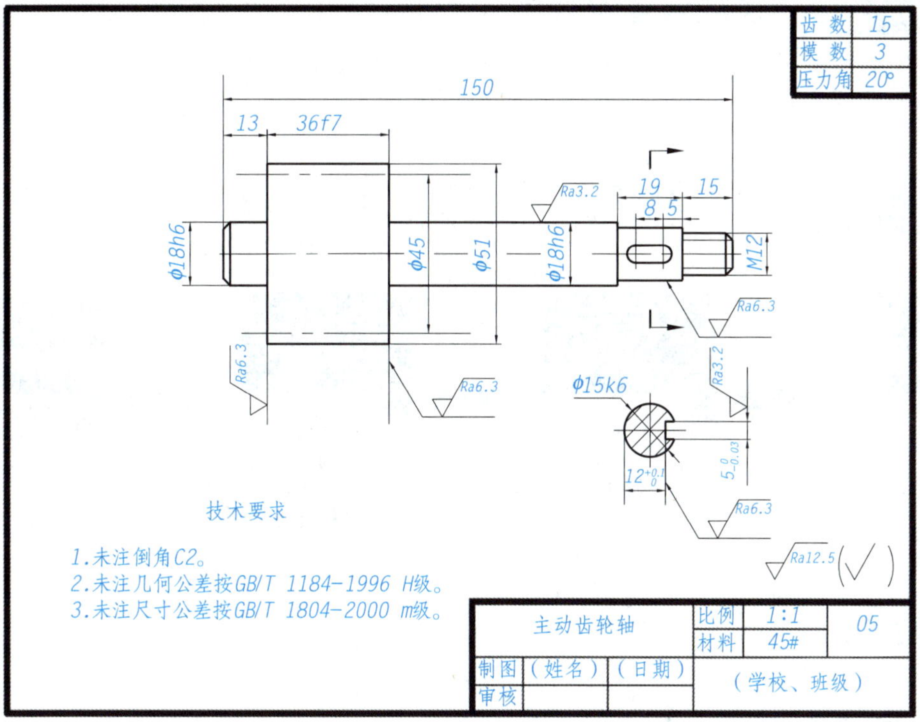

图 2-9 主动齿轮轴零件图

任务二 轮盘类零件测绘

知识图谱

轮盘类零件认知 → 轮盘类零件尺寸与测量 → 轮盘类零件技术要求 → 轮盘类零件测绘

轮盘类零件认知
- 定义
- 表达方法

轮盘类零件尺寸与测量
- 尺寸公差选择
- 尺寸测量与标注

轮盘类零件技术要求
- 尺寸公差
- 几何公差
- 表面粗糙度
- 材料与热处理

轮盘类零件测绘
- 了解零件功用
- 徒手绘制草图
- 尺寸测量与标注
- 技术要求
- 零件图的绘制

知识链接

一 认识轮盘类零件

1. 轮盘类零件简介

轮盘类零件起支承、定位、密封和传递转矩的作用。主要特点是其主体一般由直径不同的回转体组成，径向尺寸比轴向尺寸大，常有退刀槽、凸台、倒角、圆角、轮辐、筋板、螺孔、键槽和作为定位或连接用的孔等结构。常见的轮盘类零件包括手轮、带轮、端盖、法兰盘等。

2. 轮盘类零件的表达方法

（1）非圆视图水平摆放作为主视图（常剖开绘制）。

（2）用左视图或右视图来表达轮盘上连接孔或轮辐、肋板等的数目和分布情况。

（3）用局部视图、局部剖视图、断面图、局部放大图作为补充。

二 轮盘类零件的尺寸与测量

1. 轴向尺寸与径向尺寸的测量

为避免测量累积误差，测绘前应分析尺寸基准并以此为测量起始点。轮盘类零件通常将重要的安装端面或定位端面（配合或接触表面）作为轴向尺寸主要基准，将中轴线作为径向尺寸主要基准。使用游标卡尺或千分尺测量时，先以各方向尺寸基准为起始点直接测量重要尺寸，非重要尺寸可间接测量。

零件上的配合尺寸，如轴与轴孔尺寸、销孔尺寸、键槽尺寸等，要先用游标卡尺或千分尺测量出圆的直径，再利用常规设计的尺寸圆整方法确定其公称尺寸系列。

2. 其他结构尺寸的测量

当零件上有辐射状均匀分布的孔时，一般应测出均布孔圆心所在的定位圆直径，然后利用直接或间接测量法确定各孔间中心距或定位尺寸。对于精度要求较低的孔间距，可使用内、外卡钳测量；对于精度要求较高的孔间距，可使用游标卡尺测量。

直接测量轮盘铸造结构尺寸。直接测量螺纹、键槽、销孔等标准件尺寸，并查表确定标准尺寸。直接测量退刀槽、越程槽、油封槽、倒角和倒圆等工艺结构尺寸，并按照国家标准规定的方法标注。

三 轮盘类零件的技术要求

1. 尺寸公差的选择

轮盘类零件有配合要求的内、外表面都应标注尺寸公差。孔轴尺寸公差通常比较小，要根据实际配合（过盈、过渡、间隙）需求进行选择，公差等级一般为 IT6 ～ IT9。

2. 几何公差的选择

轮盘类零件与其他零件接触的平面应有平面度、平行度、垂直度等要求，轮盘的圆柱面应有圆柱度要求。

3. 表面粗糙度的选择

目前，常用的表面粗糙度的测量方法包括比较法、光切法、干涉法、针描法 4 种。对于轮盘类零件，凡有配合的表面均应有表面粗糙度要求。其内、外表面粗糙度参考值较小，一般取值为 Ra=1.6 ～ 6.3μm；对于人手经常接触，并要求美观或精度较高的表面，Ra=0.8μm，还可以根据需要，对这些表面进行抛光、研磨或镀层等处理。通常，非配合表面的 Ra=6.3 ～ 12.5μm，若非配合表面是铸造面，则不需要标注参数值。

4. 材料与热处理

用类比法或检测法确定轮盘类零件的材料和热处理硬度。轮盘类零件常用材料为 45 钢或 40Cr 合金钢，质量要求较高的轮盘类零件常用 20Cr、20CrMnTi 等低碳合金钢，轴承压盖等轮盘类零件多用 HT150-HT300 等铸铁或 Q235 材料。

对于轮盘类零件，锻件要求正火或调质，铸件要求退火。

任务实践

一 左泵盖零件分析

齿轮油泵左泵盖位于泵体的左侧，通过螺钉与泵体固定，其主要作用是防止润滑油泄漏，以及保护和支承齿轮轴。左泵盖实物模型如图 2 - 10 所示。

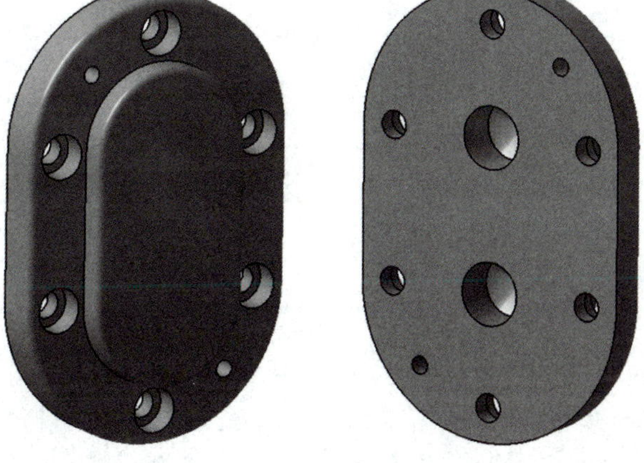

图 2 - 10　左泵盖实物模型

二 左泵盖测绘步骤

1. 确定视图表达方案

了解零件的名称、作用、材料、加工方法，对零件进行形体分析、结构分析，确定主视图、其他视图数量和表达方法。

左泵盖是齿轮油泵的主要零件，主视图的投影方向按其加工位置确定，并用两个相交的剖切平面对主视图做全剖来表达内部结构，可用左视图表达左泵盖外形结构和6个螺钉的均布位置。

2. 零件草图的绘制

（1）确定图幅。目测左泵盖实物，选择A3图纸，绘图比例1∶1。

（2）徒手绘制图框、标题栏，徒手绘制各个视图的基准线，确定视图的位置，如图2-11所示。

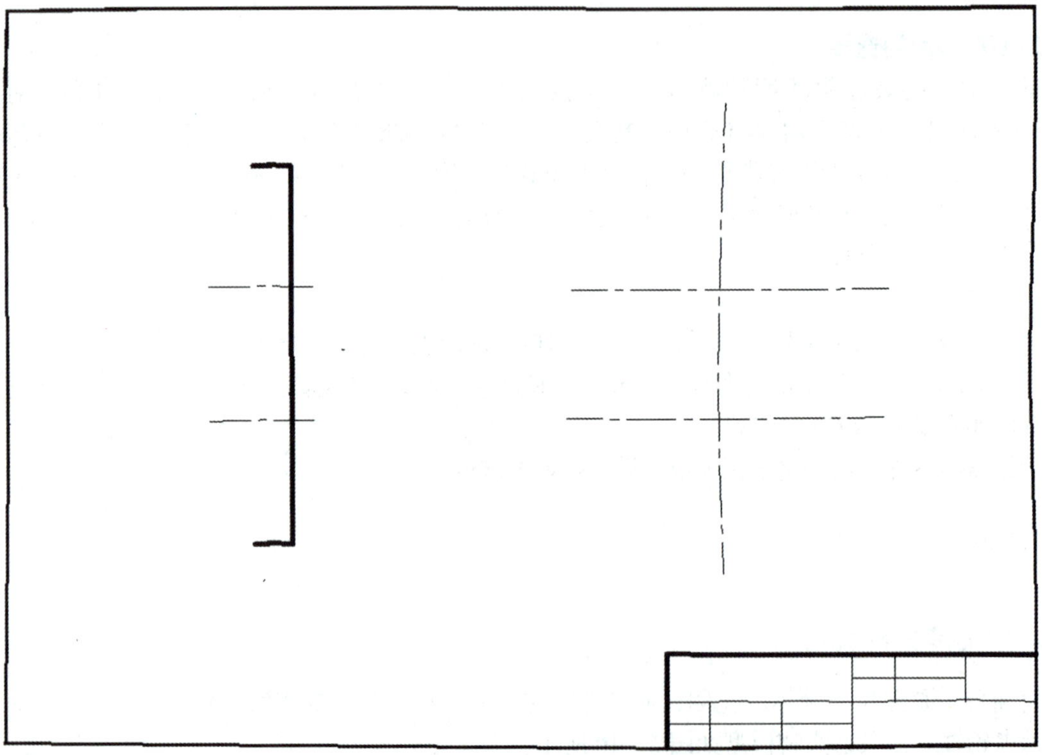

图2-11　图框、标题栏、基准线

（3）目测比例，徒手绘制主视图、左视图轮廓，如图 2-12 所示。

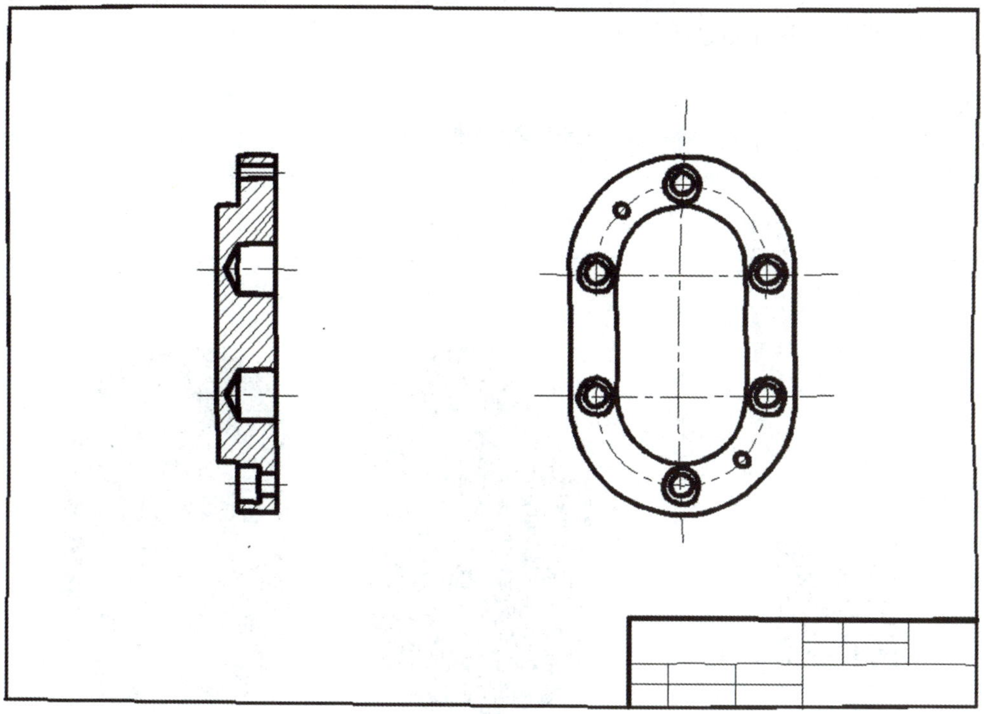

图 2-12 各视图轮廓

（4）选定尺寸基准，绘制全部尺寸界线、尺寸线和箭头，如图 2-13 所示。

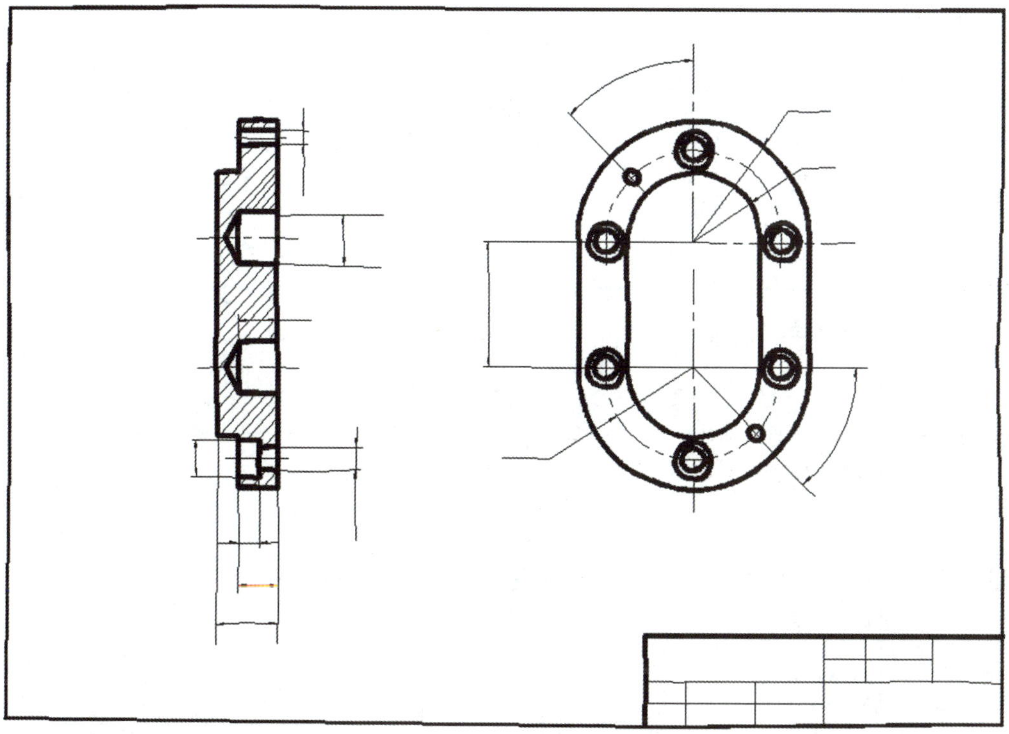

图 2-13 尺寸界线、尺寸线和箭头

3. 尺寸测量与标注

（1）使用测量工具集中测量左泵盖的相关尺寸；查阅相关资料，确定尺寸公差、几何公差及表面粗糙度；自行完成轮盘类零件测绘任务单。

<table>
<tr><th colspan="4">轮盘类零件测绘任务单</th></tr>
<tr><td>班级：</td><td>姓名：</td><td>学号：</td><td>分数：</td></tr>
<tr><td colspan="4">左泵盖：
左泵盖测量
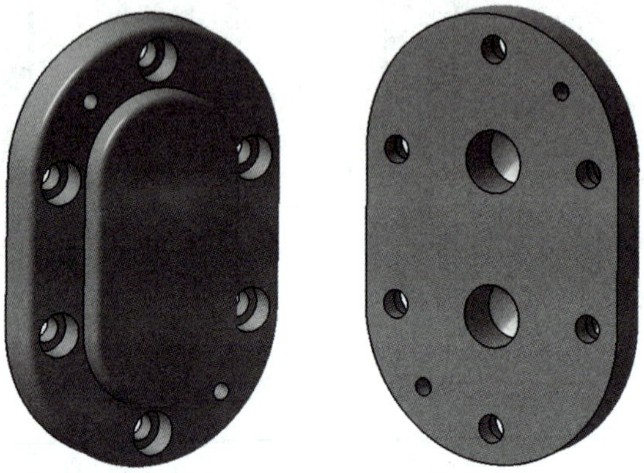</td></tr>
<tr><th colspan="4">1. 测量工具</th></tr>
<tr><td colspan="4">列出左泵盖测量工具：</td></tr>
<tr><th colspan="4">2. 尺寸测量</th></tr>
<tr><td rowspan="2">各段外径尺寸</td><td colspan="3">外形半径：</td></tr>
<tr><td colspan="3">凸缘半径：</td></tr>
<tr><td rowspan="2">厚度尺寸</td><td colspan="3">左泵盖厚度：</td></tr>
<tr><td colspan="3">凸缘厚度：</td></tr>
</table>

续表

<table>
<tr><th colspan="4">轮盘类零件测绘任务单</th></tr>
<tr><td rowspan="8">安装孔尺寸</td><td>类型</td><td>定形尺寸</td><td>定位尺寸</td></tr>
<tr><td rowspan="2">中心盲孔</td><td>直径：</td><td rowspan="2"></td></tr>
<tr><td>深度：</td></tr>
<tr><td rowspan="3">沉头孔</td><td>沉头直径：</td><td rowspan="3"></td></tr>
<tr><td>孔直径：</td></tr>
<tr><td>沉头深度：</td></tr>
<tr><td rowspan="2">销孔</td><td>直径：</td><td rowspan="2"></td></tr>
<tr><td>深度：</td></tr>
<tr><th colspan="4">3. 技术要求</th></tr>
<tr><td colspan="4">（1）尺寸公差：</td></tr>
<tr><td colspan="4">（2）几何公差：</td></tr>
<tr><td colspan="4">（3）表面粗糙度：</td></tr>
<tr><td colspan="4">（4）文字技术要求：</td></tr>
</table>

（2）在左泵盖轮廓草图中填写尺寸数值，标注各表面的表面结构代号，确定尺寸公差、几何公差等，如图 2－14 所示。

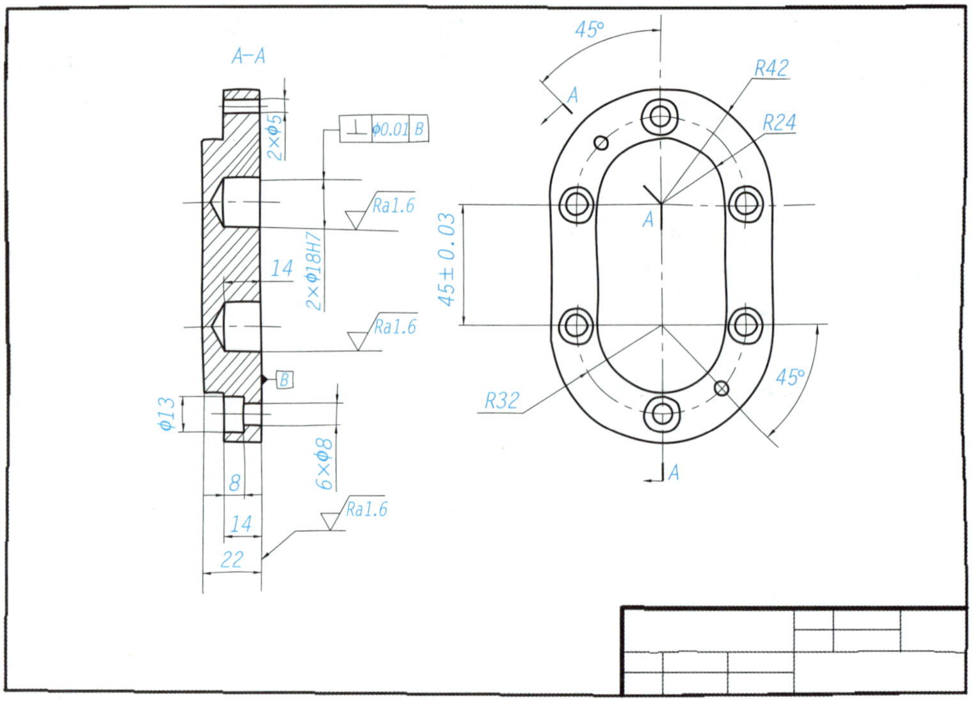

图 2－14　尺寸数值、表面结构代号及公差

4. 技术要求和标题栏的填写

填写技术要求和标题栏，检查无误，完成草图，如图 2－15 所示。

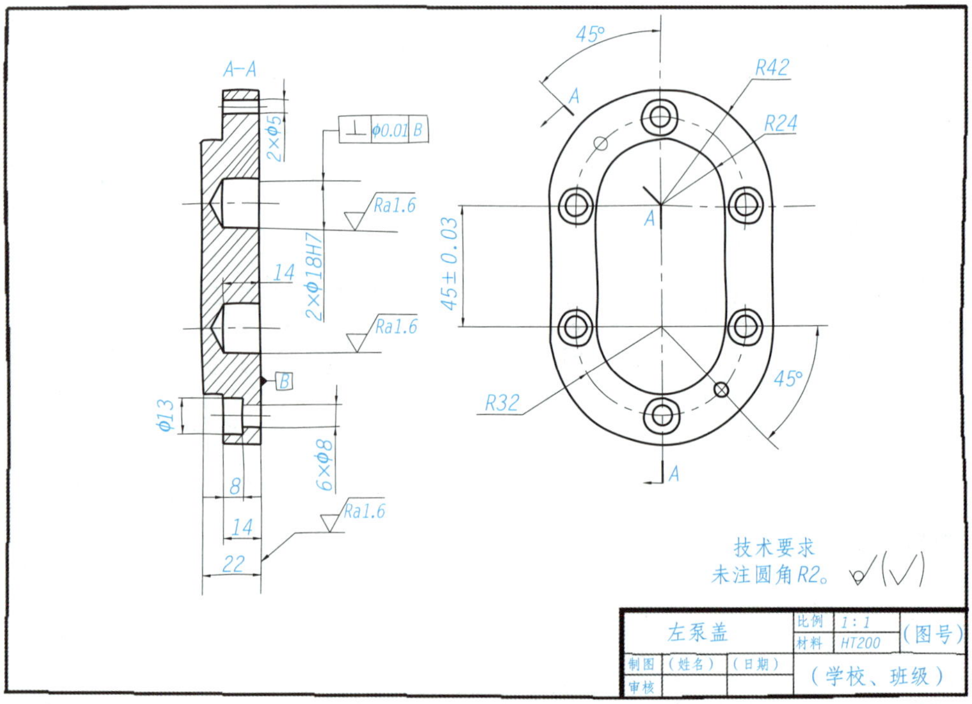

图 2－15　左泵盖草图

5. 左泵盖零件图的绘制

根据已绘制的左泵盖草图，使用绘图工具或计算机软件绘制左泵盖零件图（如图 2－16），绘制方法和步骤与绘制草图相同。

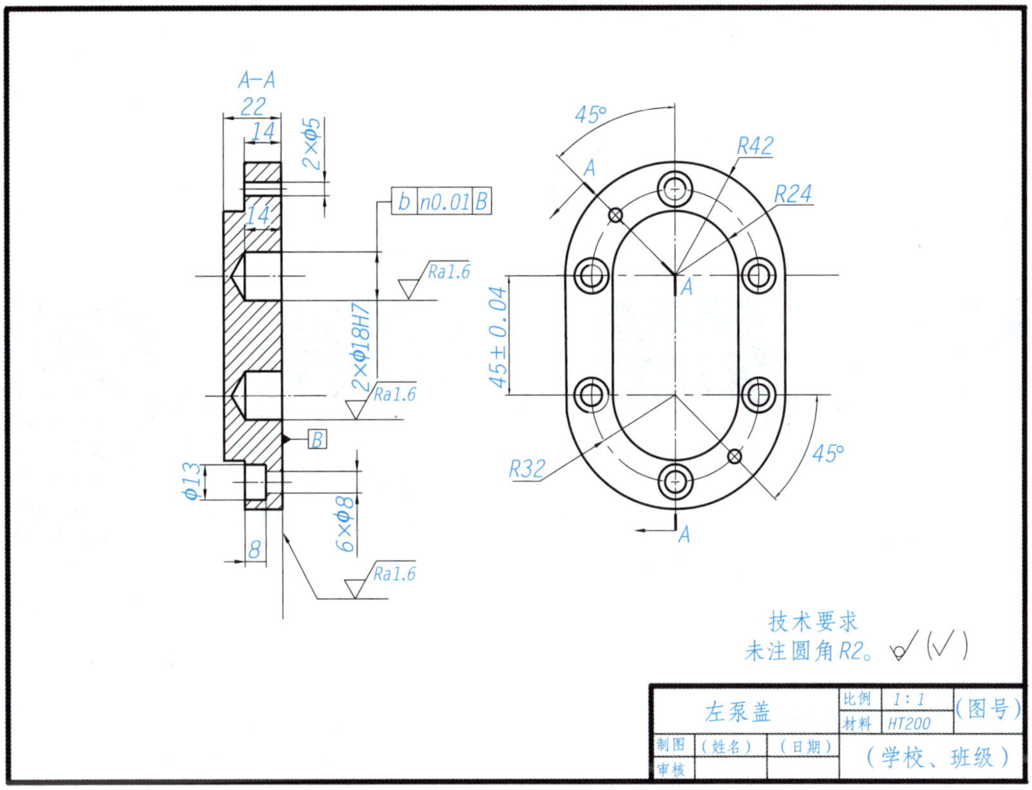

图 2－16　左泵盖零件图

任务三 叉架类零件测绘

知识图谱

叉架类零件认知
- 定义
- 表达方法

→ 叉架类零件尺寸与测量
- 尺寸公差选择
- 尺寸测量与标注

→ 叉架类零件技术要求
- 尺寸公差
- 几何公差
- 表面粗糙度
- 材料与热处理

→ 叉架类零件测绘
- 了解零件功用
- 徒手绘制草图
- 尺寸测量与标注
- 技术要求
- 零件图的绘制

知识链接

一 认识叉架类零件

1. 叉架类零件简介

叉架类零件大多通过铸造或模锻制成毛坯，再经机械加工表面制成，如拨叉、连杆、支架、摇臂等。该类零件结构通常比较复杂，一般由安装、工作和连接三部分组成，安装部分一般为板状，上面布有安装孔、凸台和凹坑等工艺结构；工作部分常是圆筒状，上面有较多的细小结构，如油孔、油槽、螺纹孔等；连接部分多为肋、板、杆等结构。

2. 叉架类零件的表达方法

（1）零件一般水平放置，选择零件形状特征明显的方向作为主视图的投影方向。

（2）除主视图外，一般还需一两个基本视图才能将零件的主要结构表达清楚。

（3）常用局部视图、局部剖视图表达零件上的凹坑、断面形状、肋板等结构。用斜视图表达零件上的倾斜结构。

二 叉架类零件的尺寸与测量

1. 尺寸公差的选择

叉架类零件的尺寸较复杂，零件的长、宽、高三个方向尺寸的主要基准一般选用孔的中心线、轴线、中间平面、安装基准面和较大的加工平面。

2. 尺寸测量与标注

叉架类零件的测量方法与轴套类、轮盘类零件相同，需要用到游标卡尺或千分尺，必要时可将检验棒作为辅助工具配合游标高度卡尺进行测量。叉架类零件尺寸测量与标注要点如下：

（1）测量叉架类零件主要尺寸，如工作部分、支承部分的形状尺寸和相互位置尺寸。

（2）叉架类零件的定位尺寸较多，且常采用角度定位。

（3）叉架类零件的定形尺寸一般按形体分析法进行标注。

（4）叉架类零件的毛坯多为铸、锻件，零件上的铸（锻）造圆角、斜度、过渡尺寸一般应按铸（锻）件标准取值和标注。其中，工艺结构、退刀槽、倒角测量后按照国家标准规定的方法进行标注，螺纹等标准结构测量后需要查阅标准来确定尺寸。

三　叉架类零件的技术要求

1. 尺寸公差的选择

叉架类零件工作部分的孔与轴有配合要求，孔需要标注尺寸公差，配合孔中心定位尺寸也常有尺寸公差要求。轴孔配合时通常采用基孔制，但也要根据实际配合要求确定，通常选择的公差等级为IT7 ～ IT9。支承部分的平面、孔或轴也应给定尺寸公差，常用的孔的尺寸公差取H7，轴取h6。

2. 几何公差的选择

叉架类零件工作部分的结构形状比较多样，常见的有孔、圆柱等。工作部分的内孔轴线应有平行度要求，对于一些不规则的形状结构，应给出必要的几何公差，如圆柱度、垂直度、倾斜度。叉架类零件的安装部分与其他零件接触的表面应有平面度、垂直度要求。

3. 表面粗糙度的选择

叉架类零件通常只有工作面和安装接触面有粗糙度要求，其他表面对表面粗糙度没有特殊要求。一般情况下，零件支承孔表面的 Ra=1.6 ～ 6.3μm，安装底板的接触表面的 Ra=3.2 ～ 6.3μm，非配合表面的 Ra=6.3 ～ 12.5μm，其余表面都是铸造面或锻造面，不做要求。

4. 材料和热处理

叉架类零件的常用毛坯为铸件和锻件，材料多为HT150、HT200。铸件一般应进行时效热处理，锻件应进行正火或退火热处理。毛坯不应有砂眼、缩孔等缺陷，应按规定标注出铸（锻）造圆角和斜度。根据使用要求提出必需的最终热处理方法以及应达到的硬度和其他要求。

任务实践

一　脚踏板零件分析

脚踏板实物模型如图 2 - 17 所示。上部轴承是脚踏板的工作部分；下部带有凹槽的支承板为脚踏板的安装部分；中间的肋板为连接部分，将工作部分和安装部分连接为一个整体。

图 2 - 17　脚踏板实物模型

二 脚踏板测绘步骤

1. 确定表达方案

明确零件的名称、材料以及它在机器中的位置、作用、与相邻零件的连接关系，对零件进行形体分析、结构分析，确定视图及表达方法。

脚踏板可分为安装部分、连接部分及工作部分，零件图可采用4个图形表达。零件的主视图按零件的工作位置安放，表达安装板、工作圆筒和连接肋板的形体特征及上下、左右的相对位置关系。俯视图侧重反映零件各部分的前后对称关系。由于叉架类零件具有倾斜结构，仅采用基本视图很难清楚地表达某些局部结构的详细构造，因此应采用局部视图表达安装板的左端面。对T字形肋板，采用移出断面图表达其断面形状。

2. 零件草图的绘制

（1）目测比例（尽量采用1∶1），确定图纸图幅，画出图框和标题栏。初步确定各视图的位置，徒手画出各个视图的基准线，如图2－18所示。

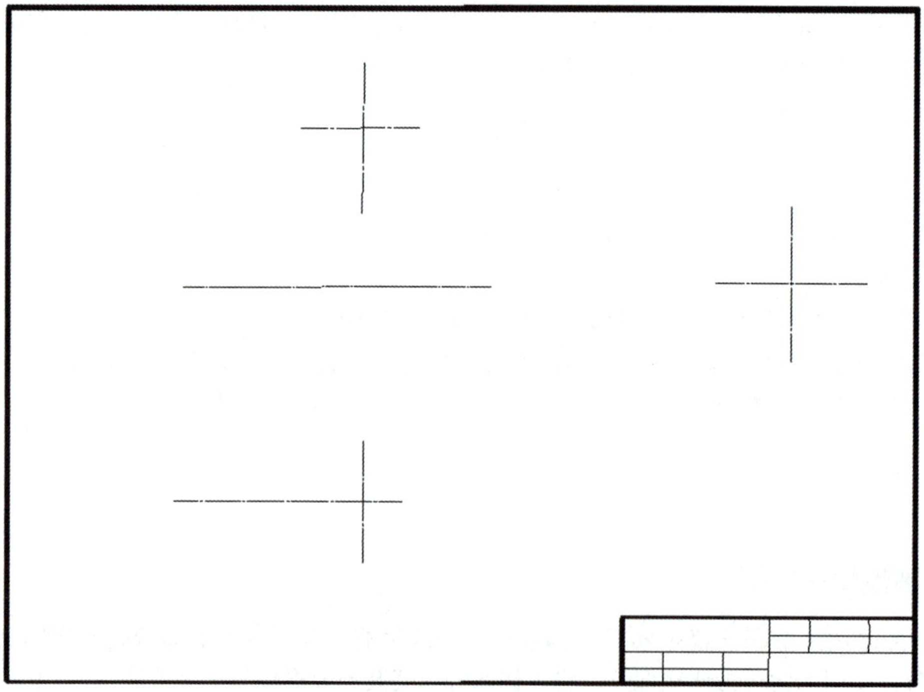

图2－18 确定视图位置

（2）徒手绘制视图轮廓，详细画出主视图、俯视图、局部视图和移出断面图，如图 2－19 所示。

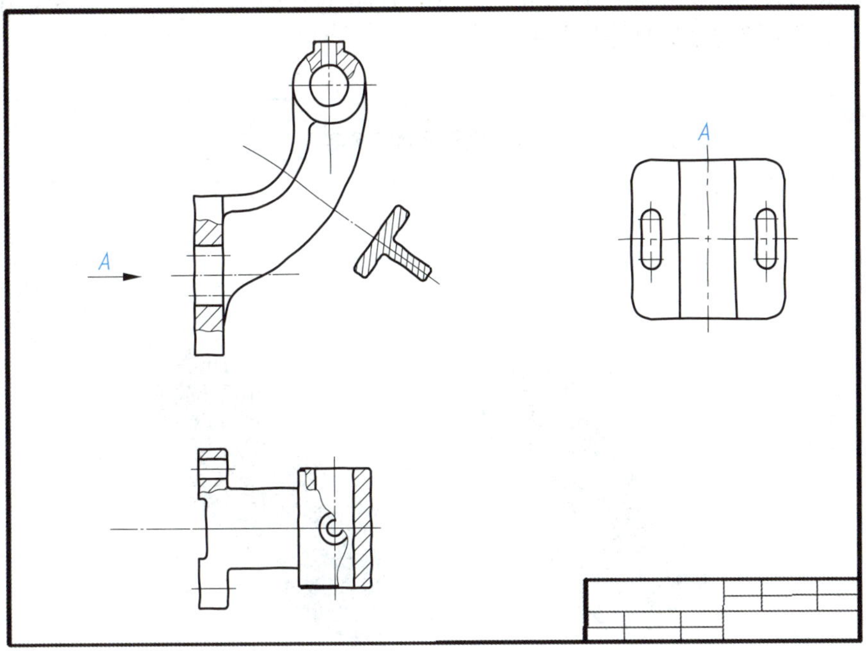

图 2－19　脚踏板视图轮廓

（3）选定尺寸基准，绘制全部尺寸界线、尺寸线和箭头，如图 2－20 所示。

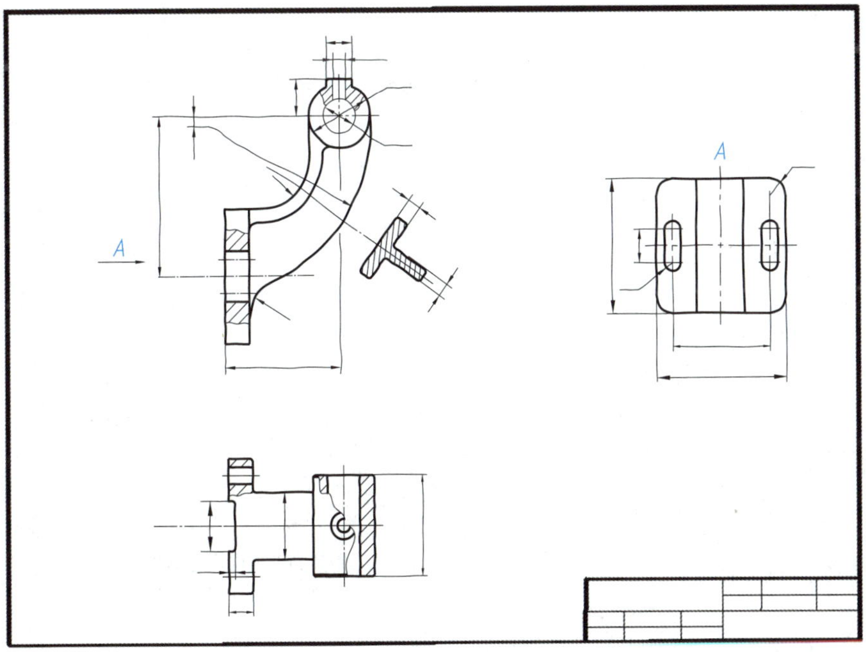

图 2－20　尺寸界线、尺寸线和箭头

3. 尺寸测量与标注

（1）使用测量工具集中测量脚踏板的相关尺寸；查阅相关资料，确定尺寸公差、几何公差以及表面粗糙度；自行完成叉架类零件测绘任务单。

<table>
<tr><th colspan="3">叉架类零件测绘任务单</th></tr>
<tr><td colspan="3">班级：　　　　　　姓名：　　　　　　学号：　　　　　　分数：</td></tr>
<tr><td colspan="3">脚踏板：
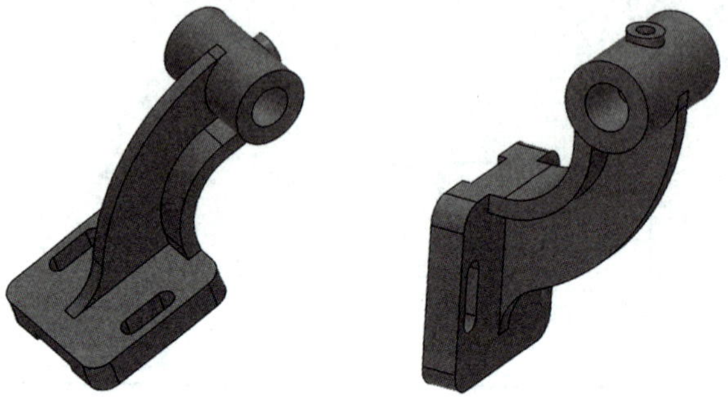</td></tr>
<tr><th colspan="3">1. 测量工具</th></tr>
<tr><td colspan="3">列出脚踏板测量工具：</td></tr>
<tr><th colspan="3">2. 尺寸测量</th></tr>
<tr><td rowspan="3">尺寸基准</td><td colspan="2">长度方向：</td></tr>
<tr><td colspan="2">宽度方向：</td></tr>
<tr><td colspan="2">高度方向：</td></tr>
<tr><td>分类</td><td>定形尺寸</td><td>定位尺寸</td></tr>
<tr><td rowspan="5">工作部分</td><td>外形直径：</td><td rowspan="3">距离高度方向尺寸基准：
距离长度方向尺寸基准：</td></tr>
<tr><td>内形直径：</td></tr>
<tr><td>总宽：</td></tr>
<tr><td>凸台外形直径：</td><td rowspan="2">距离工作部分中心线：</td></tr>
<tr><td>凸台内孔直径：</td></tr>
</table>

续表

<table>
<tr><th colspan="4">叉架类零件测绘任务单</th></tr>
<tr><td rowspan="5">固定部分</td><td colspan="2">总长：</td><td rowspan="3">——</td></tr>
<tr><td colspan="2">总宽：</td></tr>
<tr><td colspan="2">总高：</td></tr>
<tr><td colspan="2">凹槽尺寸：</td><td>——</td></tr>
<tr><td colspan="2">内孔尺寸：</td><td></td></tr>
<tr><td rowspan="5">连接部分</td><td rowspan="3">上部结构</td><td>宽度：</td><td rowspan="3"></td></tr>
<tr><td>厚度：</td></tr>
<tr><td>连接圆角：</td></tr>
<tr><td rowspan="2">下部结构</td><td>宽度：</td><td rowspan="2"></td></tr>
<tr><td>连接圆角：</td></tr>
<tr><th colspan="4">3. 技术要求</th></tr>
<tr><td colspan="4">（1）尺寸公差：</td></tr>
<tr><td colspan="4">（2）几何公差：</td></tr>
<tr><td colspan="4">（3）表面粗糙度：</td></tr>
<tr><td colspan="4">（4）文字技术要求：</td></tr>
</table>

（2）在脚踏板草图中填写尺寸数值，标注各表面的表面结构代号，确定尺寸公差、几何公差等，如图 2－21 所示。

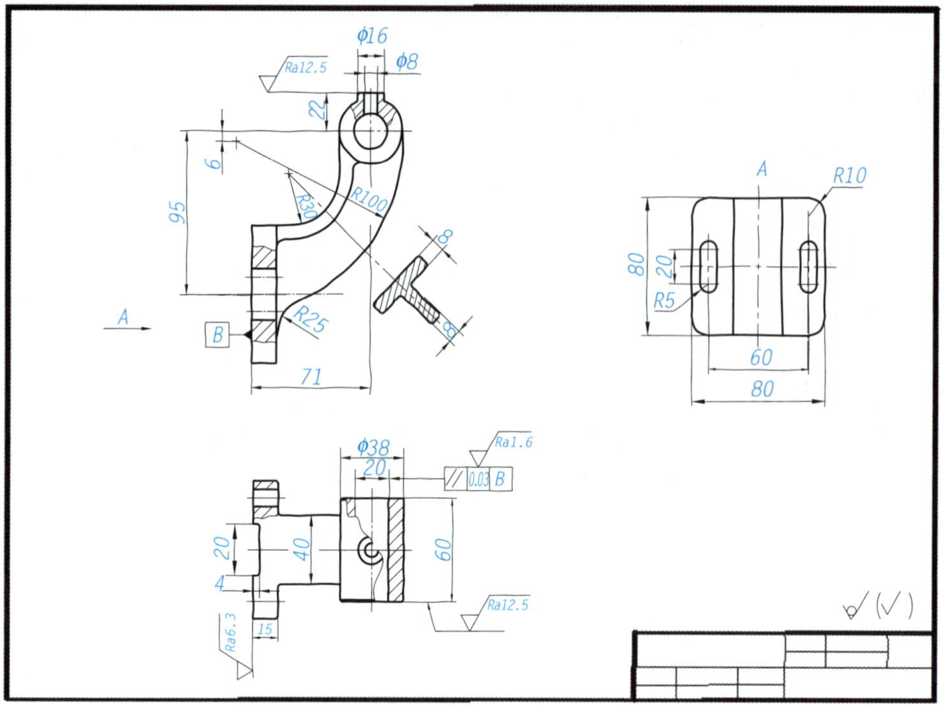

图 2－21　尺寸数值、表面结构代号及公差

4. 技术要求和标题栏的填写

填写技术要求和标题栏，检查无误，完成草图，如图 2－22 所示。

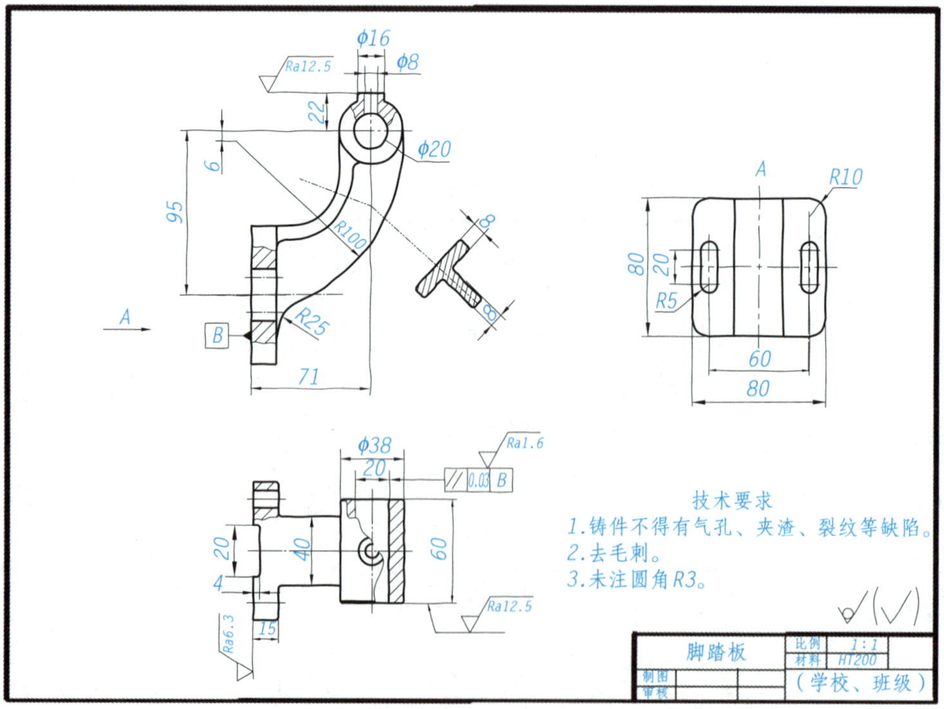

图 2－22　脚踏板草图

5. 脚踏板零件图的绘制

根据已绘制的脚踏板零件草图，选择 A2 图纸，使用绘图工具或计算机软件绘制脚踏板零件图（如图 2 - 23），绘制方法和步骤与绘制草图相同。

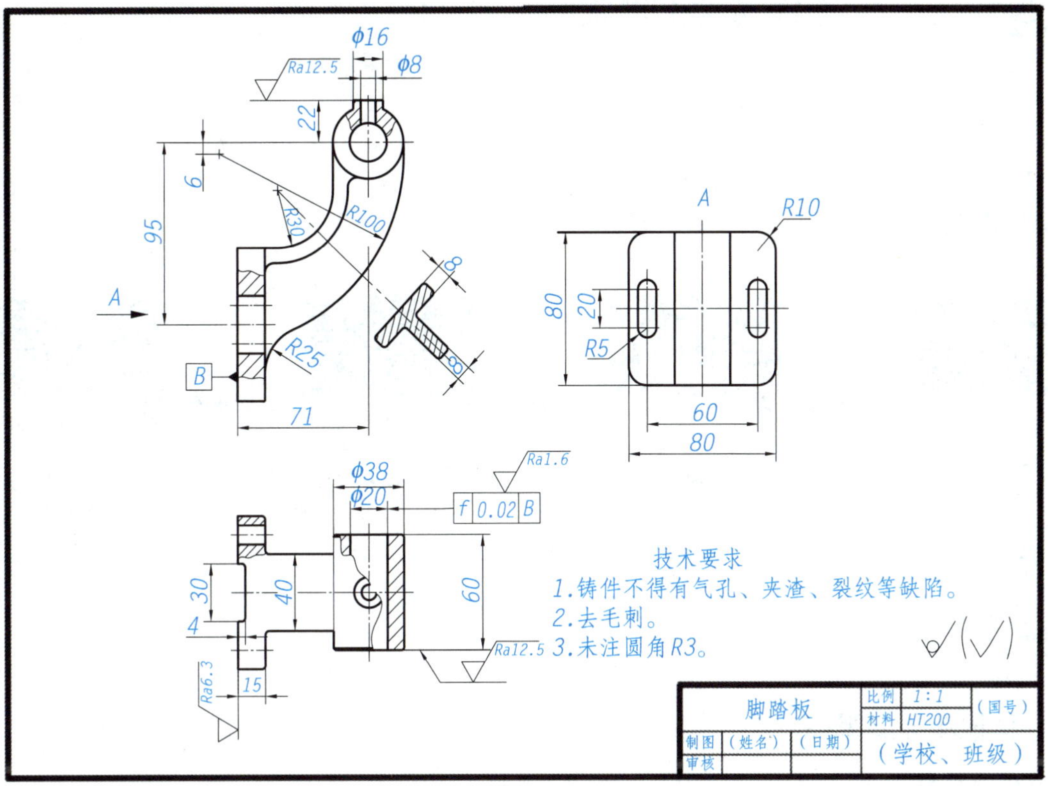

图 2 - 23　脚踏板零件图

任务四 箱体类零件测绘

知识图谱

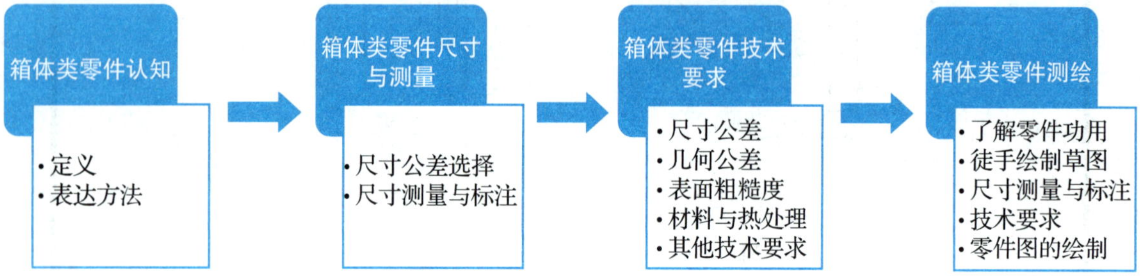

知识链接

一 认识箱体类零件

1. 箱体类零件简介

箱体类零件通常是先铸造成毛坯，再经机械加工而成。箱体类零件一般由以下几部分构成：容纳运动零件和贮存润滑液的内腔；厚薄较均匀的内壁；用于安装的底板，底板上通常有安装孔，安装孔处有凸台或凹坑，底板下一般有槽（可以减少接触面积和加工面积）；加强肋、润滑油孔、油槽、放油螺孔等。

2. 箱体类零件的表达方法

（1）通常以最能反映其形状特征及结构间相对位置的一面为主视图的投影方向。以自然安放位置或工作位置为主视图的摆放位置。

（2）一般需要两个或两个以上基本视图才能将其主要结构形状表达清楚。

（3）常用局部视图、局部剖视图和局部放大图等来表达尚未表达清楚的局部结构。

二 箱体类零件的尺寸与测量

1. 尺寸基准选择与尺寸标注

（1）合理选择尺寸基准。

箱体类零件的结构相对复杂，在标注尺寸时，确定各部分结构的定位尺寸尤其重要，因此首先要选择好长、宽、高方向的尺寸基准。按照基准统一的原则，应以底面作为高度方向的尺寸基准，其他方向上以主要轴线、对称平面和端面作为尺寸基准。当各部位的定位尺寸确定后，其定形尺寸才能确定。

（2）按照形体分析法标注尺寸。

标注尺寸时应将零件或其上的结构划分成多个基本几何体，然后逐一标出定形尺寸和定位尺寸。

（3）重要尺寸应直接标注。

对于影响机器工作性能的尺寸一定要直接标注出来，如支承齿轮传动、蜗杆传动轴的两孔中心线间的距离尺寸，输入、输出轴的位置尺寸等。

（4）应标注出总体尺寸和安装尺寸。

在箱体类零件中，某些部位已有标准化结构和尺寸系列，在测绘这些零件时，应参照有关标准，向标准化结构和尺寸系列对齐。

2. 尺寸测量要点

箱体类零件的测量方法应根据各部位的形状和精度要求来确定。对于一般要求的线性尺寸可直接用钢直尺或钢卷尺测量，如阀体的总长、总高和总宽等外形尺寸。对于泵体上的光孔和螺纹孔深可用游标卡尺上的深度尺来测量。对于有配合要求的孔径，如支承孔及其定位尺寸，要用游标卡尺或千分尺精确测量，以保证尺寸的准确、可靠。对于工艺结构，如退刀槽、越程槽、倒角和圆角等，测量出尺寸后要按照国家标准的规定进行标注，螺纹等标准件要查表确定其标准尺寸。不能直接测量的尺寸可利用其他工具间接测量，测量不到的尺寸可采用目测尺寸或类比法参照同类型的零件来确定。

三 箱体类零件的技术要求

1. 尺寸公差的选择

箱体类零件的尺寸公差主要涉及有配合要求的轴承座孔、轴承座孔外端、箱体外部以及与其他零件有严格安装要求的安装孔等结构。在能够满足使用要求的前提下，应尽量选择较低的公差等级。通常，在公称尺寸不大于 500mm 且标准公差不大于 IT8 时，考虑到孔比轴难加工，国家标准规定孔的公差等级要比轴低一级，例如 H7/k6；在公称尺寸不大于 500mm 且标准公差大于 IT8 以及公称尺寸大于 500mm 时，因为孔的测量精度相对容易保证，所以国家标准推荐孔、轴采用同级配合。实际工作中，轴承孔的精度通常要求较高，公差等级选 IT6 或 IT7，其他孔一般为 IT8。

2. 几何公差的选择

箱体类零件几何公差的确定主要考虑的是孔系（轴承座孔）的形状和位置精度，其次是箱体接合面（分箱面）的形状精度。

（1）轴承座孔的圆度或圆柱度。主要影响箱体与轴承配合的性能和对中性。

（2）轴承座孔轴线之间的平行度（若是圆锥齿轮减速器，要考虑轴承座孔轴线相互间的垂直度）。主要影响传动零件的接触精度和传动平稳性。

3. 表面粗糙度的选择

箱体零件上的定位基准平面和基准孔都应有较小的表面粗糙度，否则会直接影响零件加工时的定位精度，也会对与之接触的零部件的工作精度产生影响。一般情况下，箱体主要平面和支承孔的表面的 Ra=3.2μm 或 6.3μm；但要求较高的支承孔的表面的 Ra=1.6μm。对于非加工的铸造表面，表面粗糙度不做要求。在实际测绘时，可参考同类零件，运用类比的方法确定测绘对象各表面具体的表面粗糙度。

4. 材料和热处理

箱体类零件的材料以灰铸铁为主，其次有锻件、焊接件。铸件常采用时效热处理，锻件和焊接件常采用退火或正火热处理。

5. 其他技术要求

根据需要提出一定条件的技术要求，常见的有以下几点：

（1）铸件不得有裂纹、缩孔等缺陷。

（2）未注铸造圆角 R 值、起模斜度等。
（3）热处理要求，如人工时效、退火等。
（4）表面处理要求，如清理及涂漆等。
（5）检验方法及要求，如无损检验方法，接触表面涂色检验及接触面积要求等。

任务实践

一 泵体零件分析

泵体实物模型如图 2－24 所示。泵体结构比较复杂，内外都有不同形状的工作结构，如内部有两个轴线平行的轴孔，用于安装轴和压盖，内腔用来放置两个啮合的齿轮，并设有进、出油孔。泵体与泵盖的结合面上有 6 个螺孔和 2 个圆柱销孔用于定位连接。泵体下部是安装底板，有 2 个均布的沉头孔。

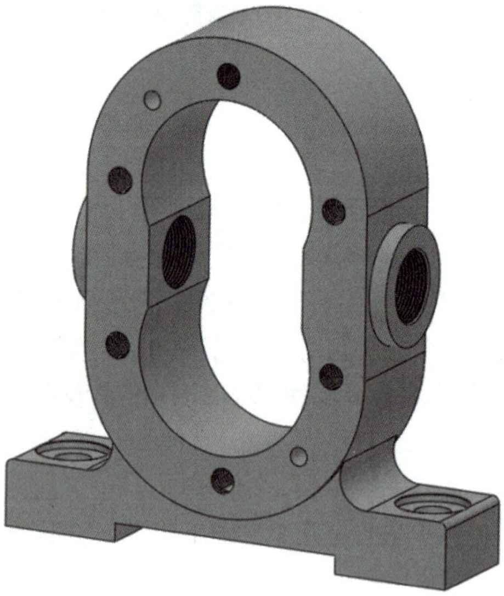

图 2－24　泵体实物模型

二 泵体测绘步骤

1. 确定表达方案

（1）确定主视图的投影方向及表达方法。

为了反映泵体的主要特征，主视图按工作位置安放，将底板放平，并以反映其各组成部分形状特征及相对位置最明显的方向为主视图的投影方向。

在主视图上，采用两个局部剖视图，一个局部剖视图表达油孔的结构，另一个局部剖视图表达安装孔的结构。该视图主要表达泵体的形状特征，以及泵体由上下两部分组成且左右对称的结构特征。

（2）其他视图的选择及表达方法。

主视图确定后，根据由主体到局部逐步补充的顺序加以完善，具体方法如下：

分析除主视图外其他尚未表达清楚的主要部分，确定相应的基本视图。俯视图用于表达底板的形状及两个安装孔的位置。同时，为了表达泵体主体部分的内部结构特征，左视图采用了两个相交剖切面剖得的全剖视图。

2. 零件草图的绘制

(1) 目测比例，确定图纸图幅为 A3，绘图比例 1∶1，画出图框和标题栏。初步确定各视图的位置，徒手画出各视图的基准线，如图 2-25 所示。

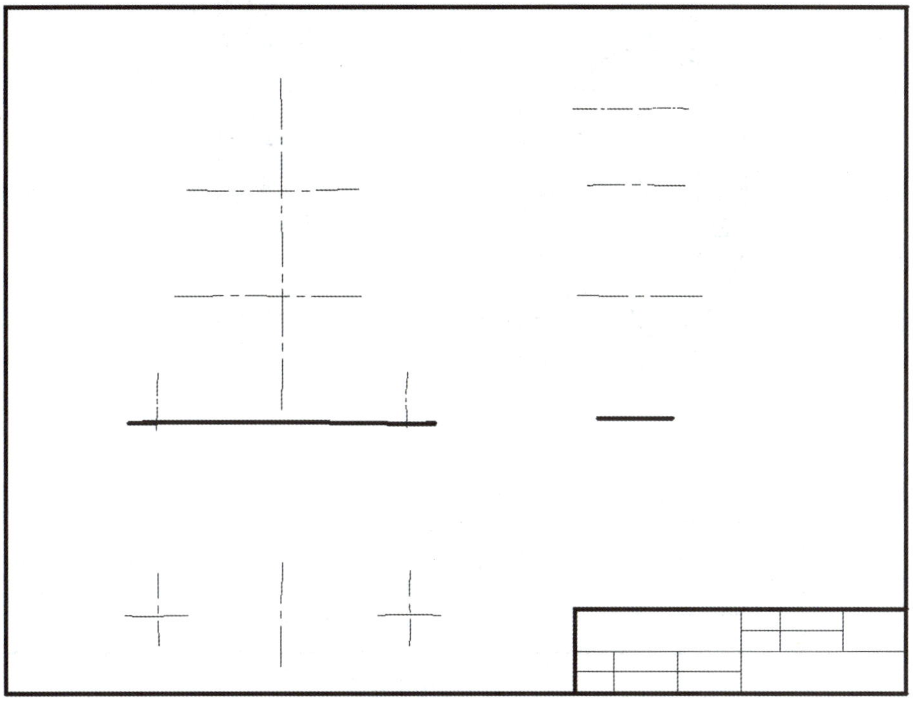

图 2-25　确定视图位置

(2) 徒手画出主视图、俯视图、左视图轮廓，如图 2-26 所示。

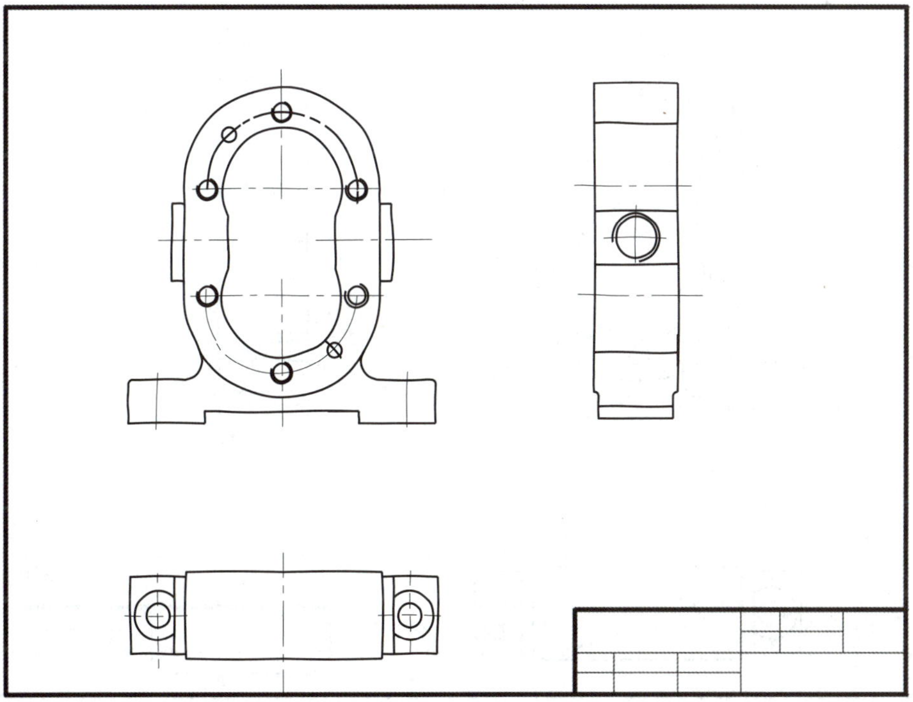

图 2-26　泵体各视图轮廓

（3）徒手绘制主视图的两处局部剖视图，以及左视图的全剖视图及剖切符号，如图 2－27 所示。

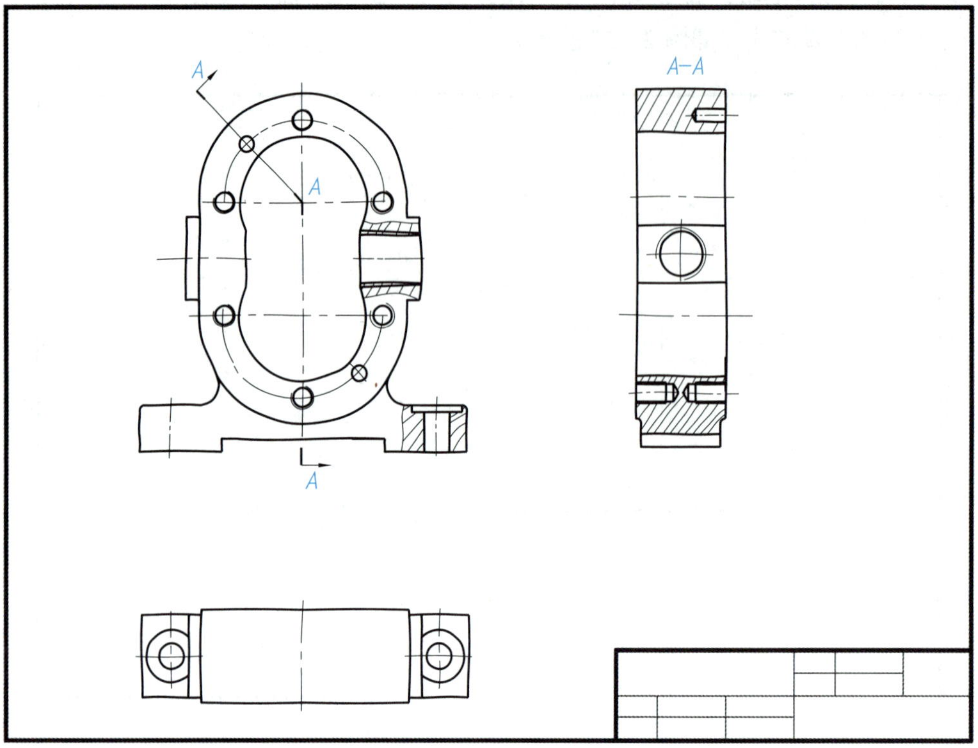

图 2－27 泵体剖视图

（4）选定尺寸基准，绘制全部尺寸界线、尺寸线和箭头，如图 2－28 所示。

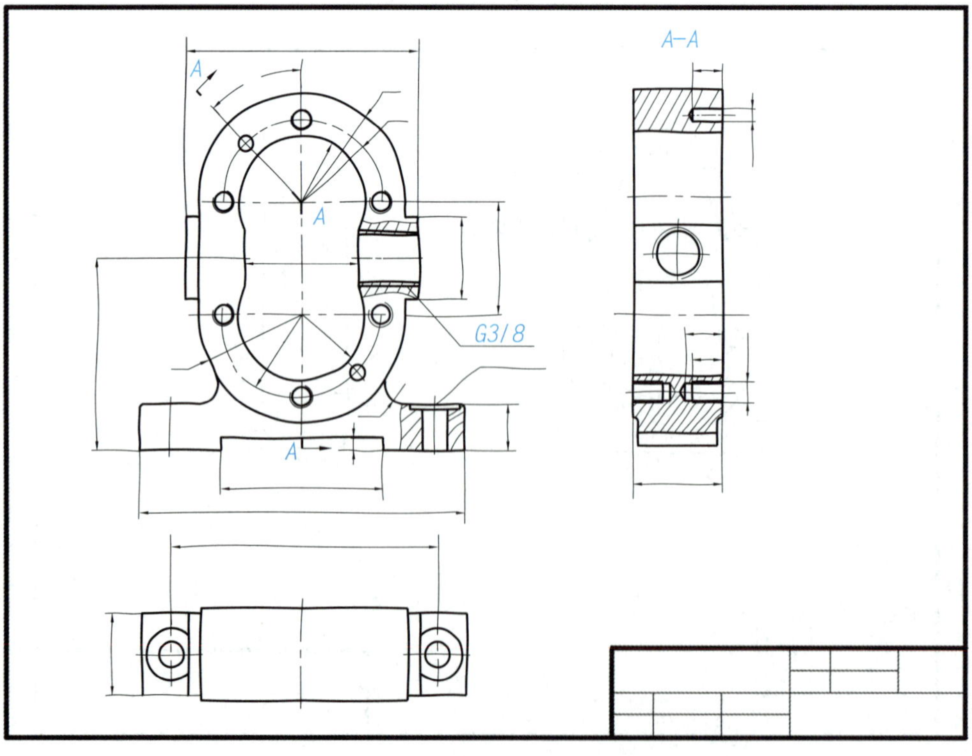

图 2－28 尺寸界线、尺寸线和箭头

3. 尺寸测量与标注

（1）使用测量工具集中测量泵体的相关尺寸；查阅相关资料，确定尺寸公差、几何公差以及表面粗糙度；自行完成箱体类零件测绘任务单。

<table>
<tr><th colspan="6">箱体类零件测绘任务单</th></tr>
<tr><td colspan="2">班级：</td><td colspan="2">姓名：</td><td>学号：</td><td>分数：</td></tr>
<tr><td colspan="6">泵体：
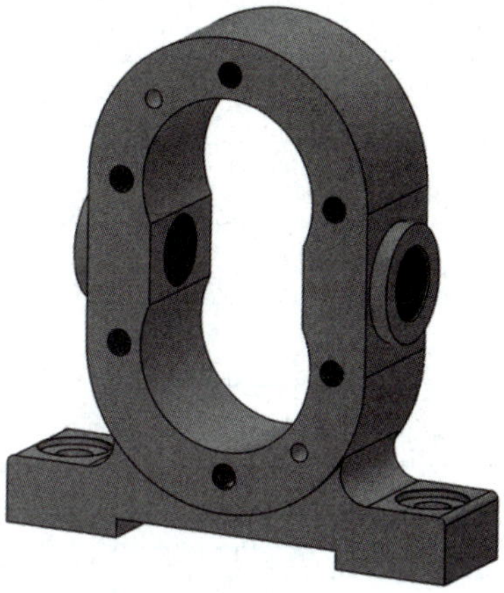</td></tr>
<tr><th colspan="6">1. 测量工具</th></tr>
<tr><td colspan="6">列出泵体测量工具：</td></tr>
<tr><th colspan="6">2. 尺寸测量</th></tr>
<tr><td colspan="2" rowspan="4">尺寸基准</td><td colspan="4">长度方向：</td></tr>
<tr><td colspan="4">宽度方向：</td></tr>
<tr><td rowspan="2">高度方向</td><td colspan="3">主要基准：</td></tr>
<tr><td colspan="3">辅助基准：</td></tr>
<tr><td colspan="2">分类</td><td colspan="3">定形尺寸</td><td>定位尺寸</td></tr>
<tr><td rowspan="7">泵体腔体</td><td>外形</td><td colspan="2">半径：</td><td rowspan="3">厚度：
孔中心距：</td><td rowspan="3"></td></tr>
<tr><td rowspan="2">内形</td><td colspan="2">半径：</td></tr>
<tr><td colspan="2">面间距：</td></tr>
<tr><td rowspan="2">凸缘</td><td colspan="3">直径：</td><td rowspan="2"></td></tr>
<tr><td colspan="3">两凸缘端面距离：</td></tr>
<tr><td rowspan="2">油孔</td><td colspan="3">数量：</td><td rowspan="2"></td></tr>
<tr><td colspan="3">公称直径：</td></tr>
</table>

续表

箱体类零件测绘任务单			
泵体腔体	螺纹孔	数量：	分布圆半径：
		公称直径：	
		孔深：	
		螺纹深度：	
	销孔	数量：	分布圆半径： 角度：
		直径：	
		深度：	
泵体底板	外形	长度：	——
		宽度：	
		高度：	
		连接圆角半径：	
	凹槽	长度：	
		宽度：	
		高度：	
	沉头孔	数量：	两沉头孔中心距：
		沉头直径：	
		沉头深度：	
		孔直径：	
3. 技术要求			
（1）尺寸公差：			
（2）几何公差：			
（3）表面粗糙度：			
（4）文字技术要求：			

（2）在泵体轮廓草图中填写尺寸数值，标注各表面的表面结构代号，确定尺寸公差、几何公差等，如图 2－29 所示。

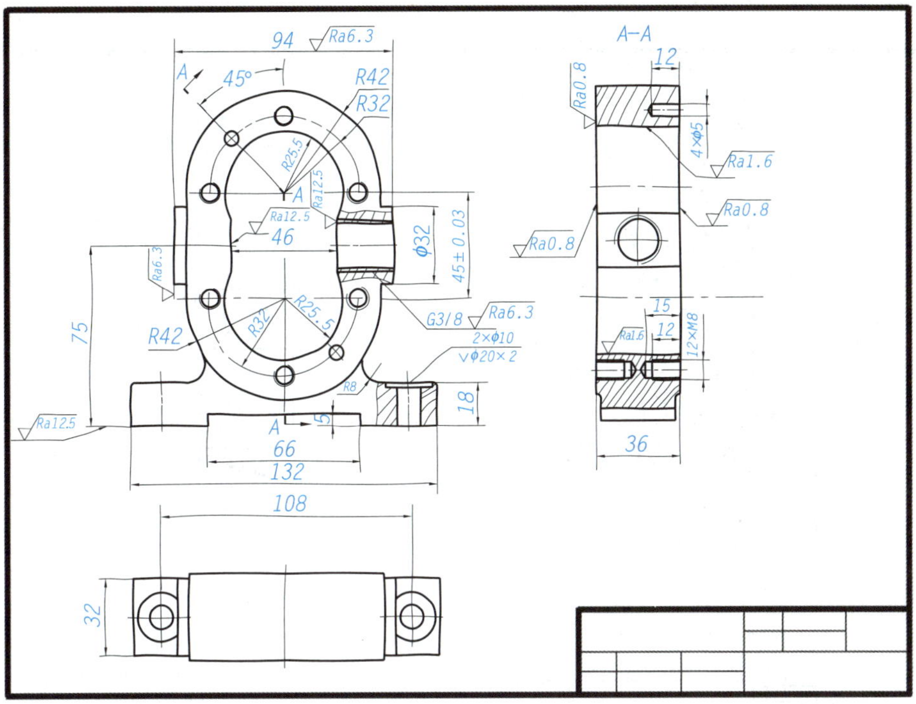

图 2－29　尺寸数值、表面结构代号及公差

4. 技术要求和标题栏的填写

填写技术要求和标题栏，检查无误，完成草图，如图 2－30 所示。

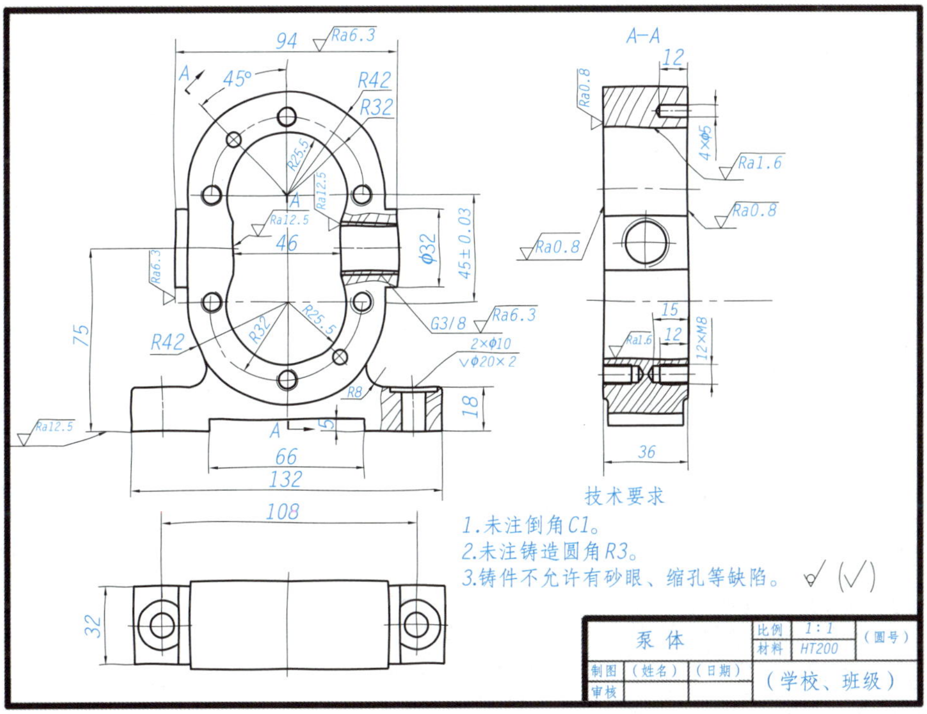

图 2－30　泵体草图

5. 泵体零件图的绘制

根据已绘制的泵体零件草图，选择 A3 图纸，比例 1∶1，使用绘图工具或计算机软件绘制泵体零件图（如图 2－31），绘制方法和步骤与绘制草图相同。

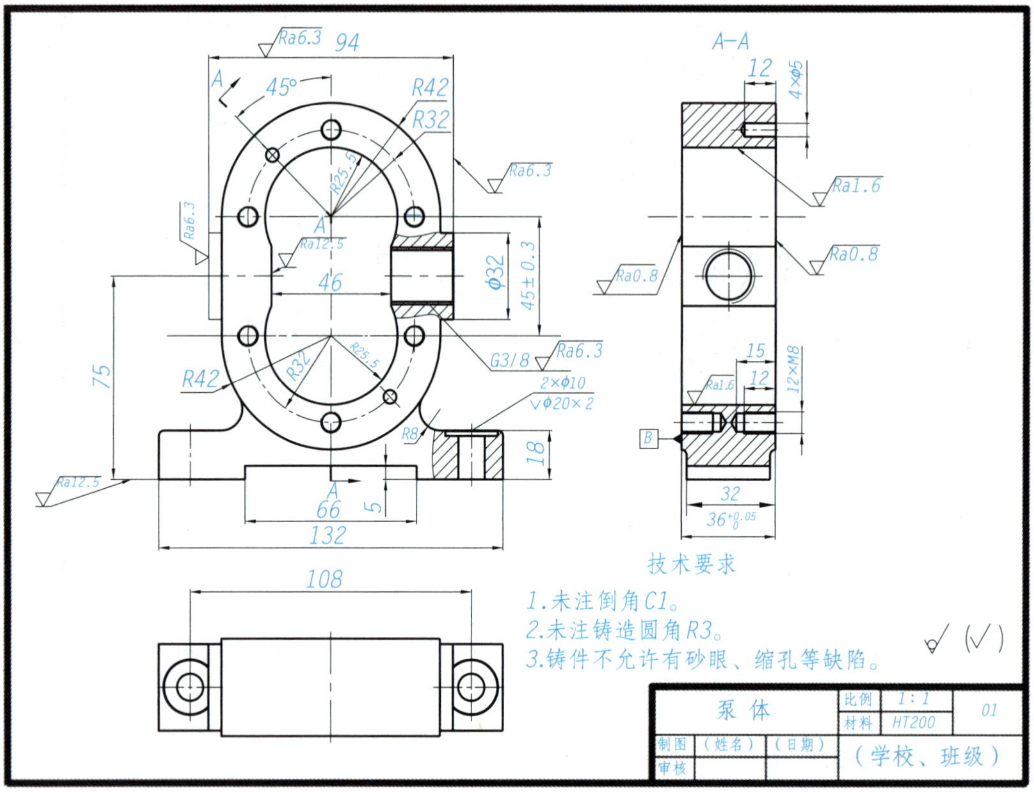

图 2－31　泵体零件图

项目三 典型装配体测绘

项目导读

通过对本项目的学习，掌握装配体测绘的基本方法和步骤，培养测绘机器或部件的能力，为今后工作打好坚实的基础。

项目目标

学习目标

- 了解机用虎钳、齿轮油泵等典型装配体的工作原理。
- 了解装配体测绘过程，掌握装配体测绘方法。
- 能够绘制典型装配体的零件草图。
- 能够比较准确地绘制装配图，并进行必要的尺寸标注。

素养目标

- 培养独立思考并解决问题的能力；培养“严谨认真、精益求精”的职业精神。

任务引入

部件是机器的装配单元，它是由若干零件按照一定的方式装配而成，各零件之间具有固定的相对位置和连接关系。部件和零件必须满足结构和运动两方面的要求。组成部件的零件应具有确定的几何形状；具有准确的相对位置或对固定件有确定的相对运动；具有可靠的结合关系。此外，零件在部件中所起的作用是通过其结构形状和尺寸实现的。零件的结构形状、尺寸和技术要求主要应以部件的功用为依据，兼顾加工制造的要求，还要考虑使用和维修的方便性。

根据现有部件（或机器）画出其装配图和零件工作图的过程，称为部件测绘。本项目将详细讲解以机用虎钳、齿轮油泵为代表的典型部件的测绘技巧和要点。

任务一　机用虎钳测绘

知识图谱

机用虎钳部件分析 → 机用虎钳拆卸 → 主要零件草图 → 机用虎钳装配图 → 机用虎钳零件工作图

- 机用虎钳部件分析
  - 作用
  - 工作原理
- 机用虎钳拆卸
  - 部件拆卸
  - 绘制装配示意图
- 主要零件草图
  - 螺母块
  - 活动钳身
- 机用虎钳装配图
  - 确定表达方案
  - 绘制装配图
- 机用虎钳零件工作图
  - 固定钳身
  - 钳口板
  - 活动钳身
  - 圆环
  - 螺杆
  - 螺母块
  - 螺钉

任务实践

一　机用虎钳部件工作原理分析

机用虎钳实物模型如图 3－1 所示，机用虎钳是铣床、钻床、刨床的通用夹具，安装在工作台上，用于夹紧工件，以便进行切屑加工。

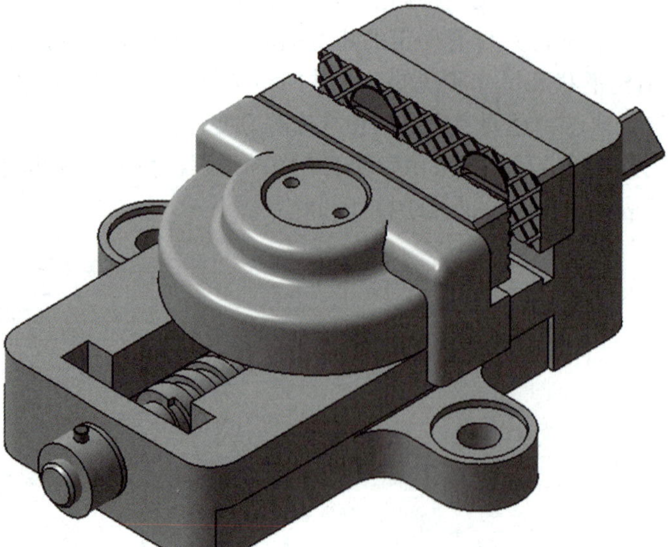

图 3－1　机用虎钳实物模型

机用虎钳由 11 种零件组成，如图 3－2 所示。其工作原理如下：转动螺杆使螺杆轴向移动时，螺母块带动活动钳身在固定钳身上滑动，便可夹紧或松开工件。螺杆装在固定钳身的左右轴孔中，螺杆右端有垫圈，左端有调整垫圈、圆环、开口销，限定螺杆在固定钳身中的轴向位置。螺杆与螺母块用矩形螺纹旋合，活动钳身装在螺母块上方的定心圆柱中，并由螺钉固定。固定钳身与活动钳身装有钳口板，用十字槽沉头螺钉紧固。调整螺钉，可使螺母与螺杆之间的松紧程度达到最佳的工作状态。

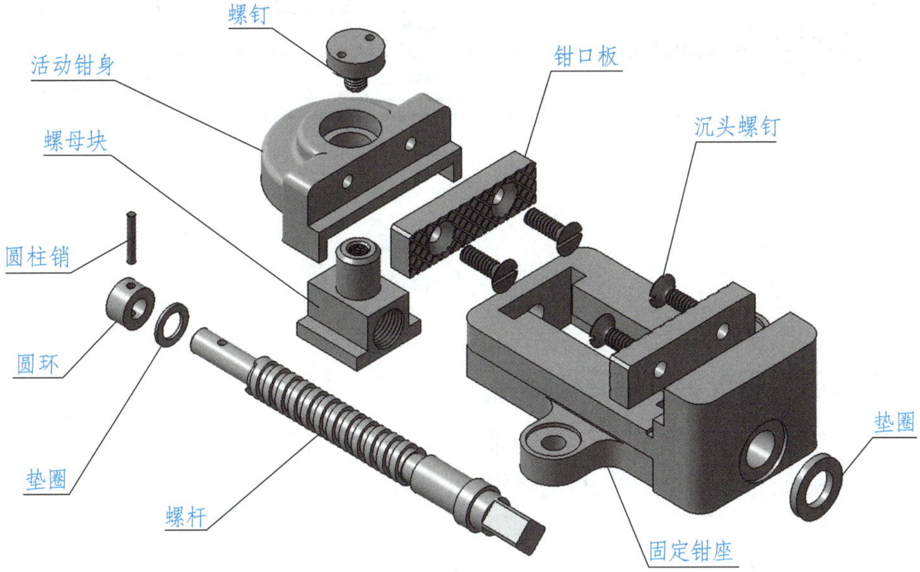

图 3－2　机用虎钳结构组成

二　机用虎钳的拆卸

机用虎钳的拆卸顺序如下：先拆下圆柱销，取下圆环、垫圈；再旋出螺杆，取下垫圈；然后旋出螺钉，取下活动钳身，旋出螺钉，取下钳口板，取下螺母块；最后旋出固定钳座上的螺钉，取下钳口板。拆卸时，应注意零件间的配合关系，如螺杆与固定钳座为间隙配合。

边拆卸边记录，如果装配示意图未能在拆卸前绘制好，务必在拆卸的同时完成。

拆卸完成后，针对部件中的标准件编制标准件明细表，具体见表 3－1。

表 3－1　机用虎钳标准件明细

序号	名称	规格	国标号	材料	数量
1	圆柱销	4 × 20	GB/T 119.1—2000	35	1
2	沉头螺钉	M8 × 16	GB/T 68—2016	Q235A	4
3	垫圈（一）	平垫圈 13 × 26 × 4	GB/T 97.1—2002	Q235A	1
4	垫圈（二）	平垫圈 76 × 112 × 16	GB/T 97.1—2002	Q235A	1

三　绘制装配示意图

绘制装配示意图时，一般可从主体零件和主要装配干线着手，然后按装配顺序绘制其他零件。具体绘制时，应先画固定钳座，再画螺杆、螺母块和活动钳身，然后逐个画出垫圈、螺钉、钳口板等，装配示意图如图 3－3 所示。

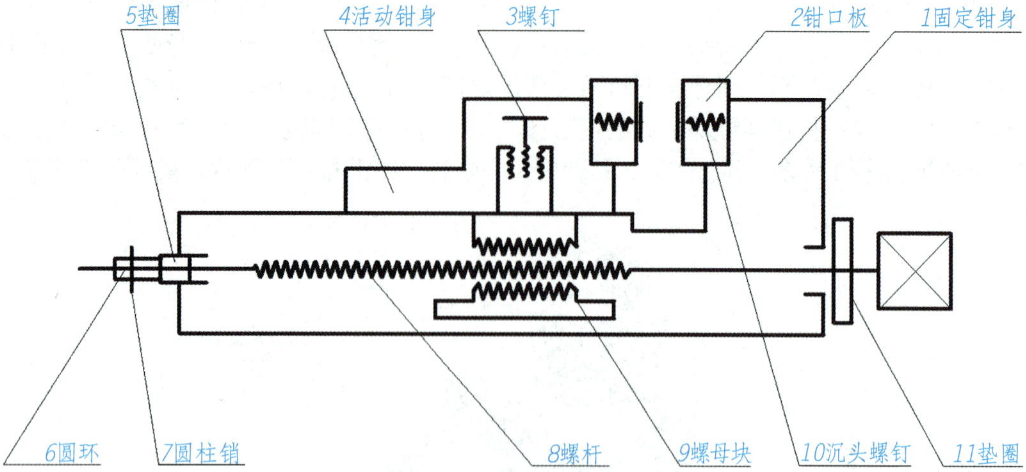

图 3-3　机用虎钳装配示意图

四　测量并绘制机用虎钳机构零件草图

机用虎钳除了包含 4 种标准件以外，其他都是非标准件，都要画出零件草图。下面以螺母块和活动钳身为例介绍零件测绘及草图绘制的过程。学生可自行分析其他零件并绘制。

1. 螺母块的测绘

（1）确定视图表达方案。

螺母块的结构形状为上圆下方，上部圆柱体与活动钳身配合，并通过螺钉调节松紧度；下部方形体内的螺孔旋入螺杆，将螺杆的旋转运动变为螺母的左右水平移动。底部前后凸出部分的上表面与固定钳身工字形槽的下表面接触，有相对运动。

主视图采用全剖视，表达螺母块下部的螺孔（通孔）和上部的螺孔（不通孔）；左视图主要表达外形；矩形螺纹属非标准螺纹，故需画出牙型的局部放大图。

（2）绘制零件草图。

1）目测确定图幅为 A4，绘图比例 2∶1，徒手绘制图框、标题栏，如图 3-4 所示。

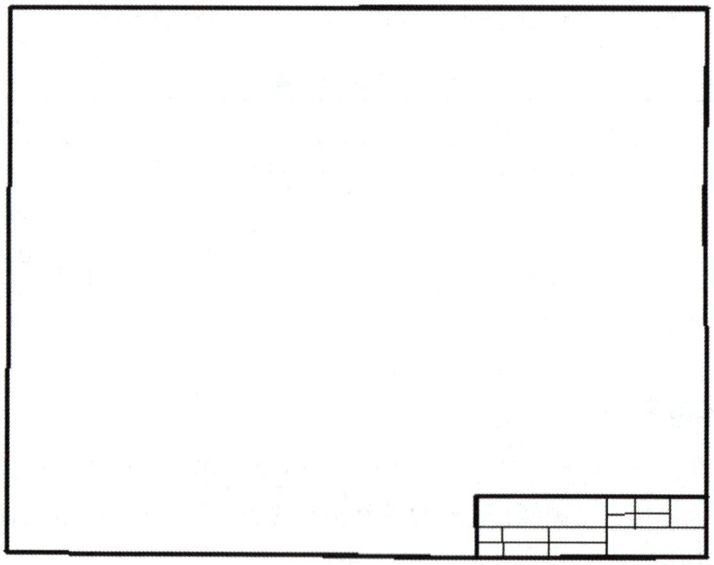

图 3-4　图框、标题栏

2）根据视图表达方案布置图形，定出各视图位置，绘制主视图、左视图的基准线，如图 3－5 所示。

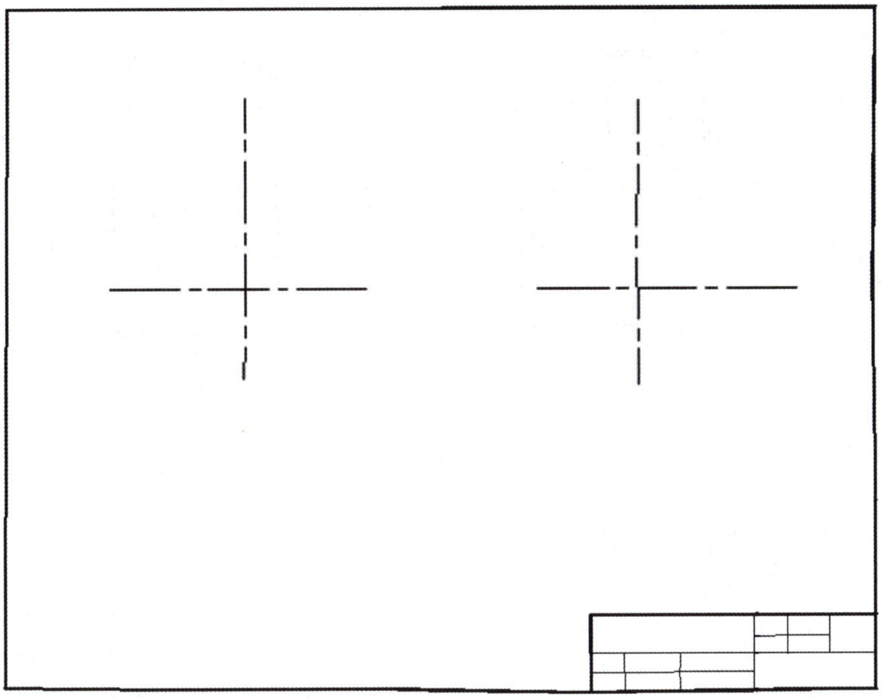

图 3－5　确定视图位置及基准线

3）徒手绘制螺母块主视图、左视图的外形轮廓，如图 3－6 所示。

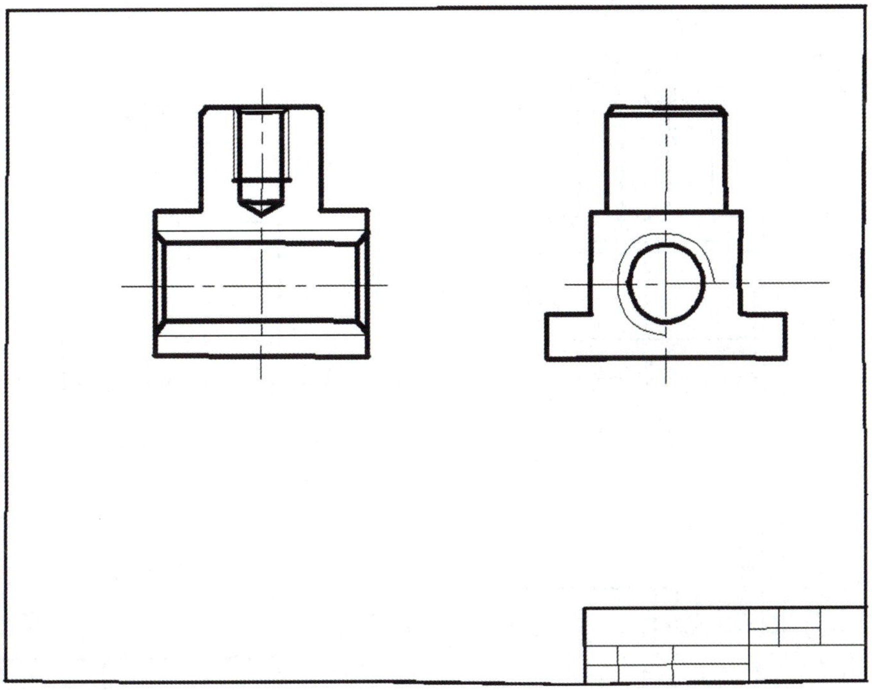

图 3－6　螺母块主视图、左视图的外形轮廓

4）徒手绘制螺母块主视图全剖视图、左视图和矩形螺纹牙型的局部放大图，如图 3-7 所示。

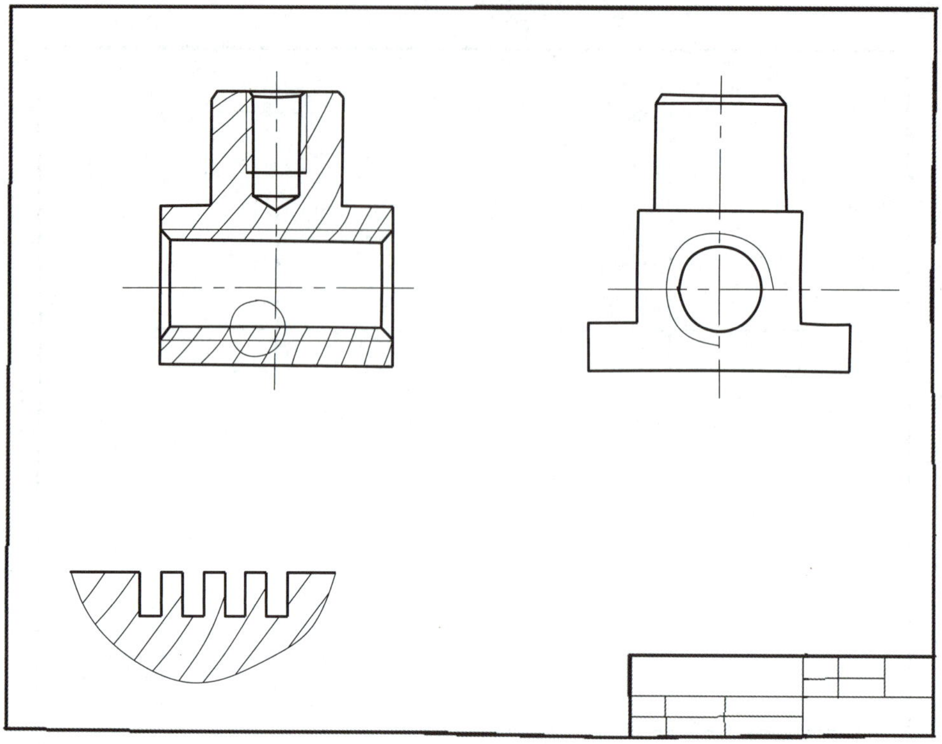

图 3-7　主视图、左视图和局部放大图

5）徒手绘制全部尺寸界线、尺寸线和箭头，如图 3-8 所示。

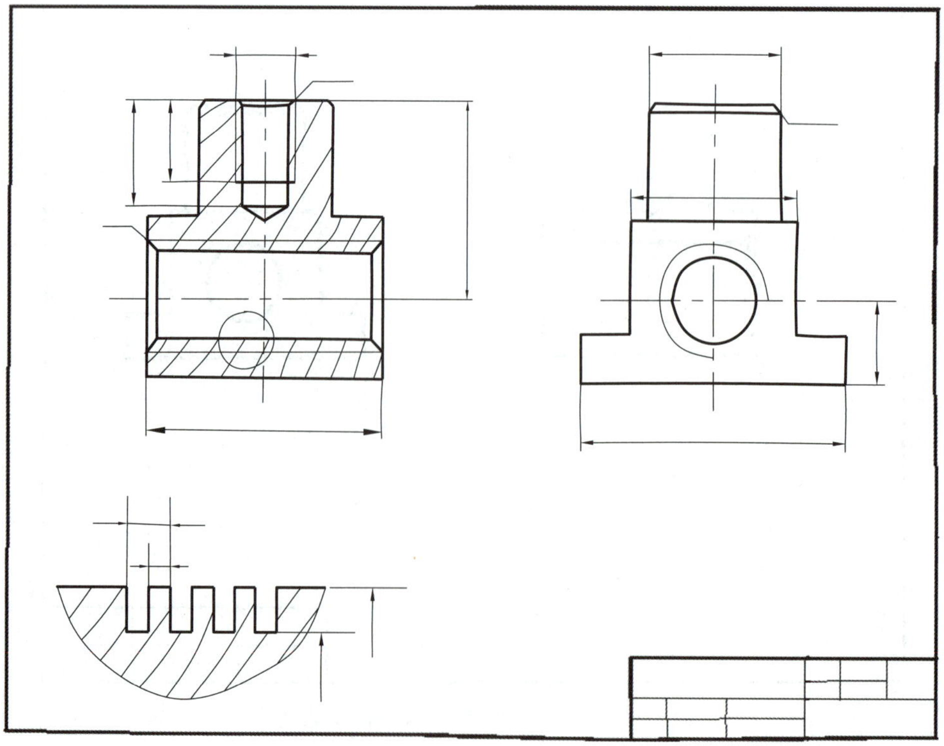

图 3-8　尺寸界线、尺寸线和箭头

（3）尺寸测量与标注。

如图 3-9 所示，以螺母块左右对称中心线为长度方向尺寸的主要基准，注出尺寸 M10×1 和长度尺寸 38；以前后对称中心线为宽度方向尺寸的主要基准，注出尺寸 ϕ20、26、40 等；以底面为高度方向尺寸的主要基准，注出尺寸 7、13 和 28；以顶面为辅助基准注出尺寸 15、17、33。测量尺寸时应注意，除了重要尺寸或配合尺寸以外，如果测得的尺寸数值是小数，应圆整成整数。

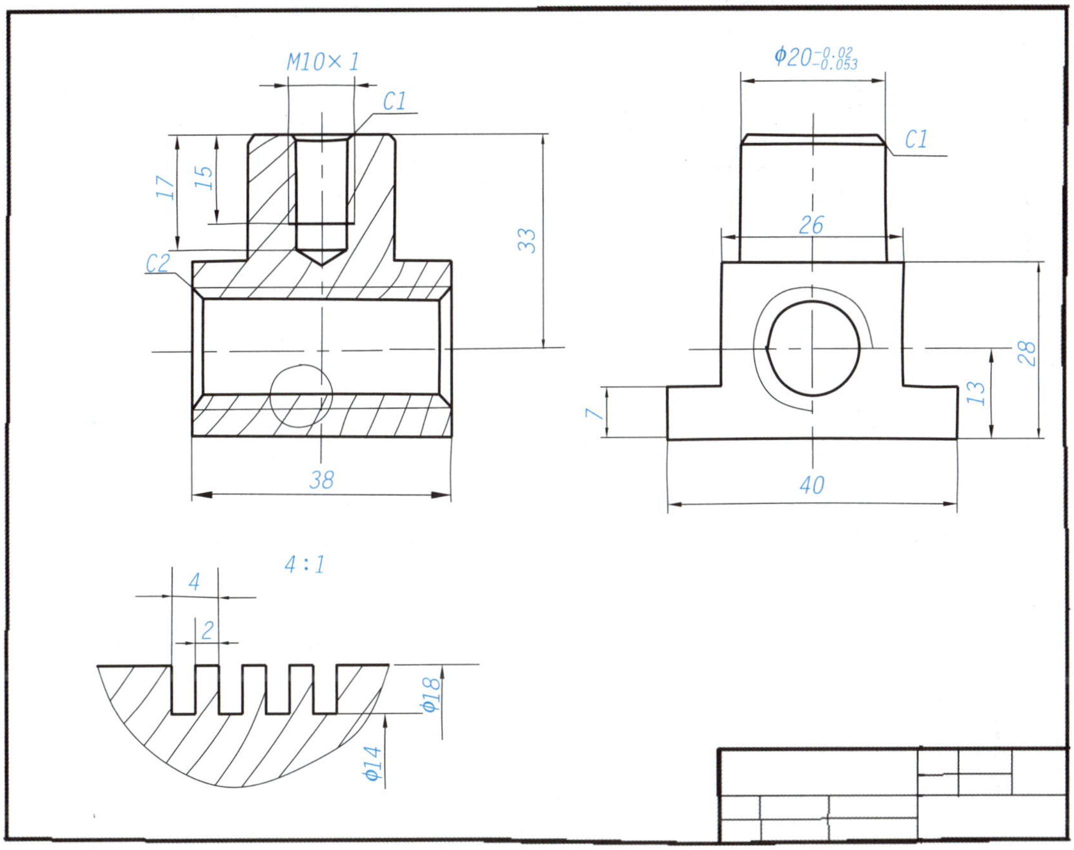

图 3-9 螺母块尺寸

（4）填写技术要求和标题栏。

螺母块受力不大，可选用碳素结构钢 Q235。为了使螺母块在钳座上移动自如，对下部凸出部分的上表面有较严的表面粗糙度要求，*Ra* 值选 3.2μm。螺母块零件草图如图 3-10 所示。

2. 活动钳身的测绘

（1）确定视图表达方案。

活动钳身的前侧为阶梯形半圆柱体，后侧为长方体，左右向下凸出部分包住固定钳座前后两侧面，中部的阶梯孔与螺母块上部圆柱体相配合。

主视图采用半剖视图，表达阶梯孔和左右向下凸出部分的外形结构；左视图采用全剖视图，表达阶梯孔和右侧向下凸出部分的外形结构；俯视图主要表达活动钳身的外形结构；用局部剖视图表达螺钉孔的位置及深度。

（2）绘制零件草图。

1）目测确定图幅为 A4，绘图比例 1:1，徒手绘制图框、标题栏，如图 3-11 所示。

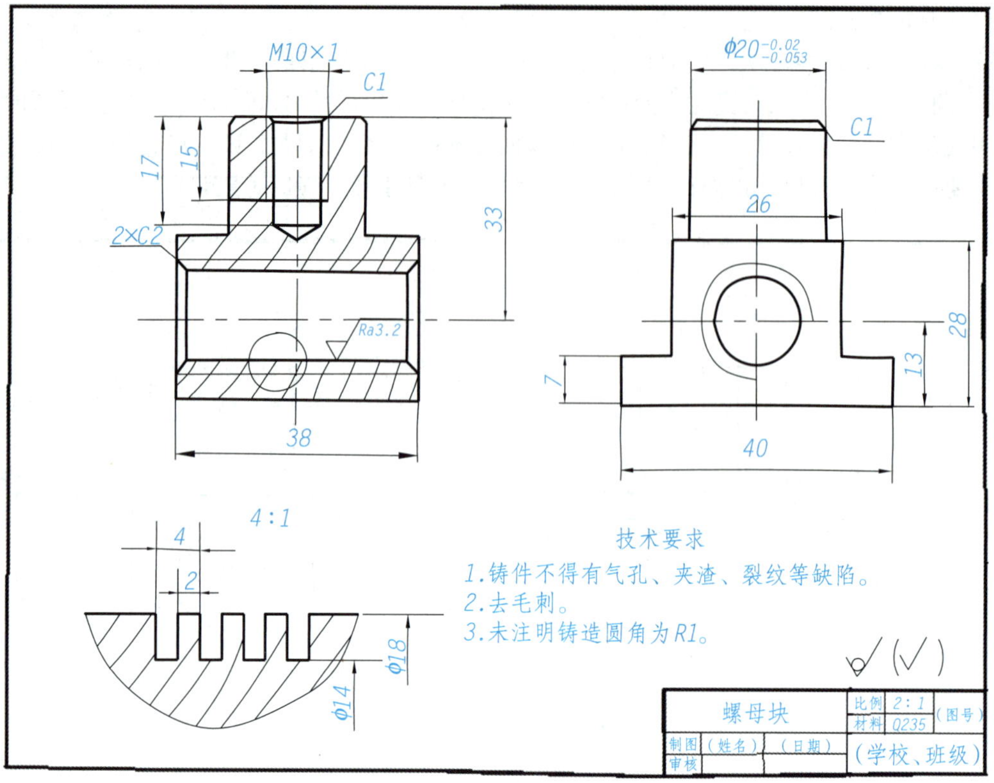

图 3－10　螺母块零件草图

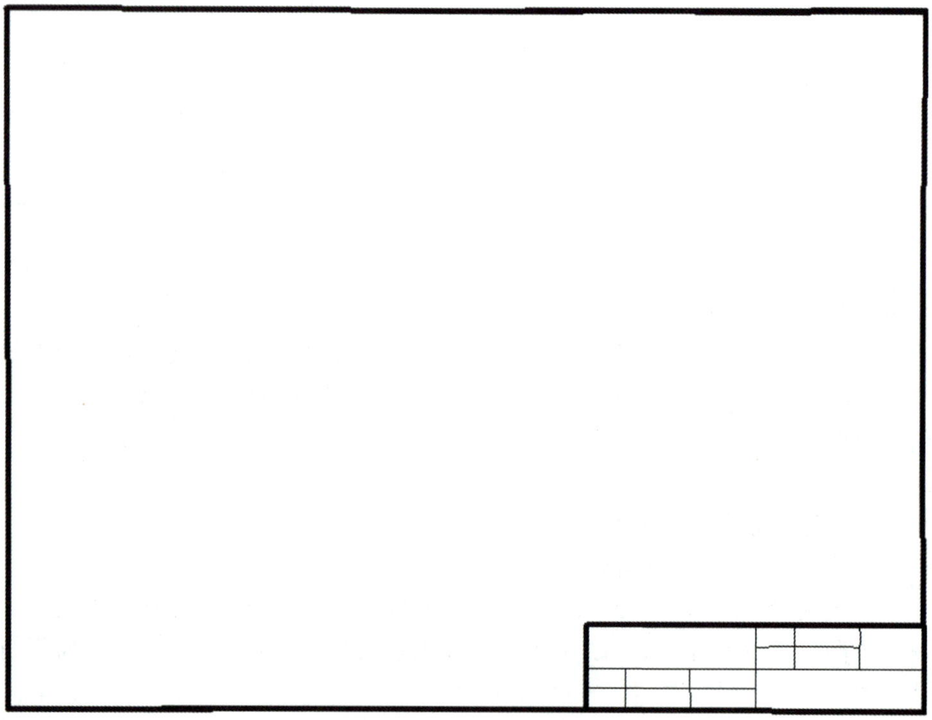

图 3－11　图框、标题栏

2）根据视图表达方案布置图形，确定各视图位置，绘制主视图、左视图和俯视图的基准线，如图 3－12 所示。

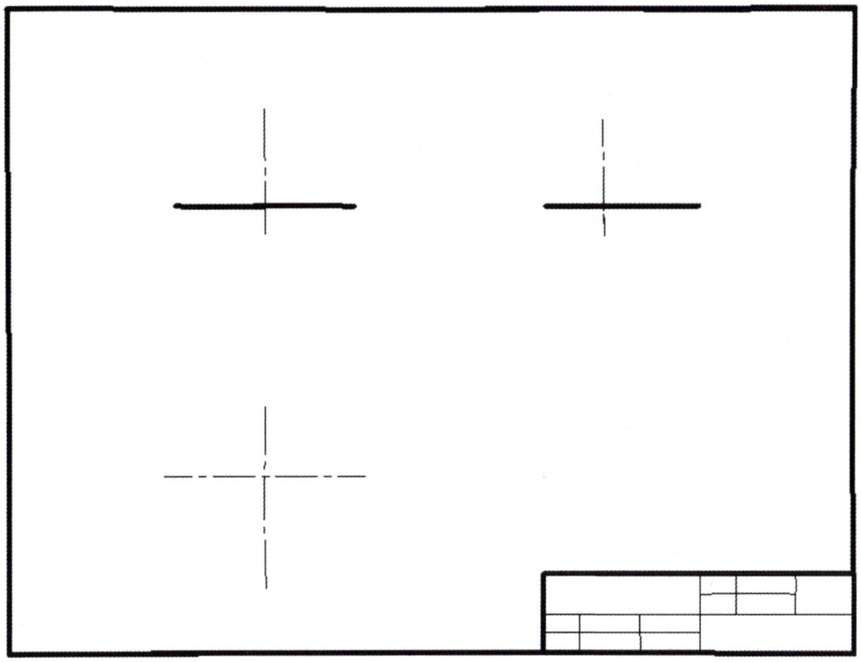

图 3－12　基准线

3）徒手绘制活动钳身全部视图轮廓草图，添加剖面线，如图 3－13 所示。

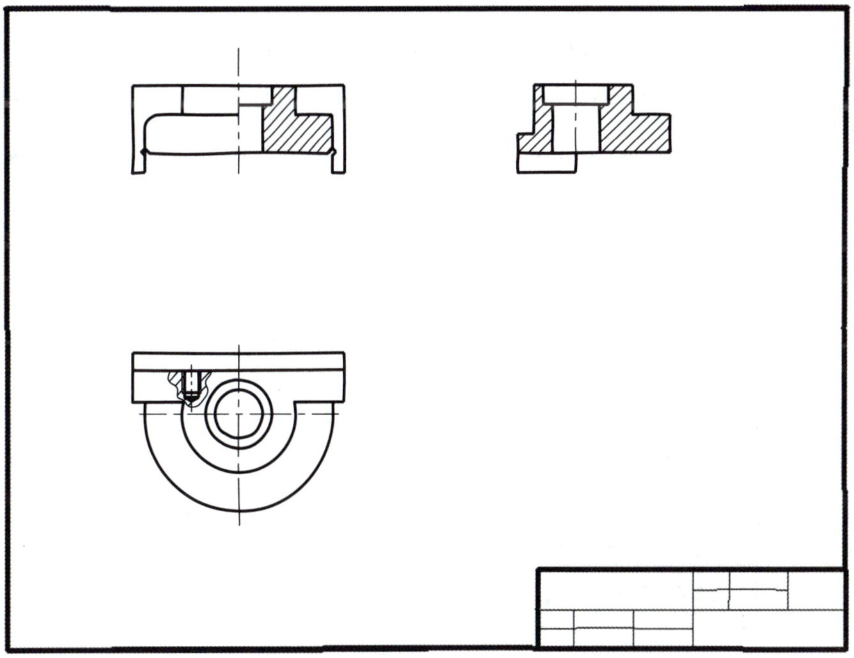

图 3－13　活动钳身全部视图轮廓草图

4）徒手绘制活动钳身全部尺寸界线、尺寸线和箭头，如图 3－14 所示。

（3）尺寸测量与标注。

以活动钳身左右中心对称面为长度方向尺寸的主要基准，注出尺寸 40、80、90；以后端面为宽度方向尺寸的主要基准，注出尺寸 7、20、25，并在俯视图上完成标注；与固定钳身接触面为高度方向尺寸的主要基准，注出尺寸 8、16、28；顶面为高度方向辅助基准，注出尺寸 8 和 36。

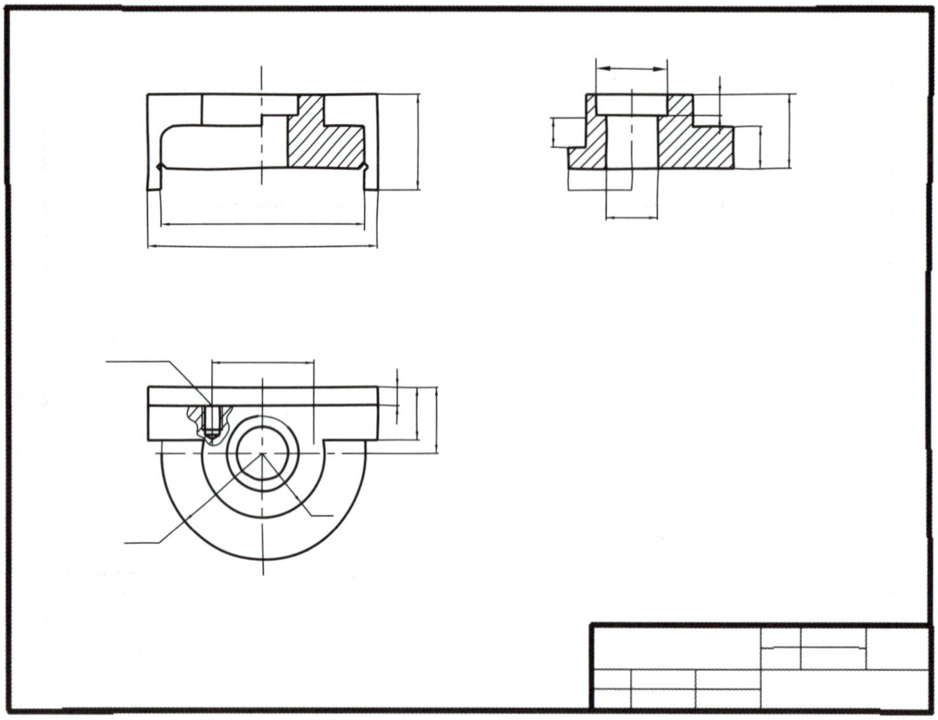

图 3－14　尺寸界线、尺寸线和箭头

如图 3－15 所示，标注零件尺寸时，要特别注意机用虎钳中有装配关系的尺寸，应彼此协调，不要互相矛盾。如螺母块上部圆柱的外径和同它相配合的活动钳身的孔径应相同，螺母块下部的螺孔尺寸与螺杆要一致，活动钳身前后向下凸出部分与固定钳座前后两侧面相配合的尺寸应一致。

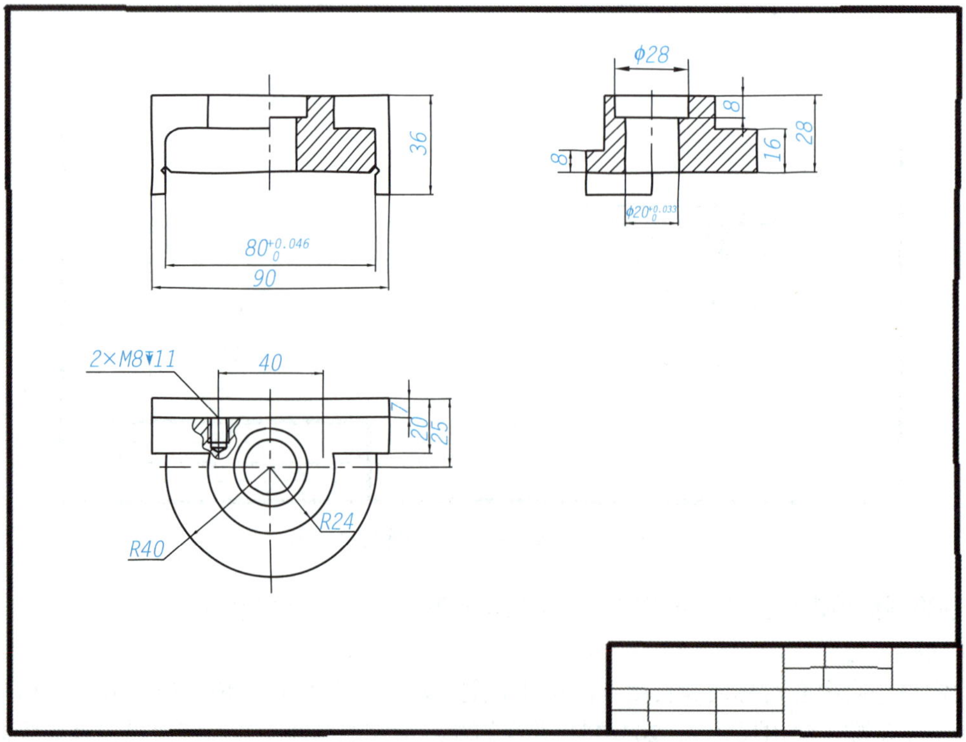

图 3－15　活动钳身尺寸

（4）填写技术要求和标题栏。

活动钳身是铸件，材料选择灰铸铁 HT200；底面和固定钳身接触，其表面粗糙度选 3.2μm。阶梯孔内表面的表面粗糙度选 1.6μm。活动钳身零件草图如图 3－16 所示。

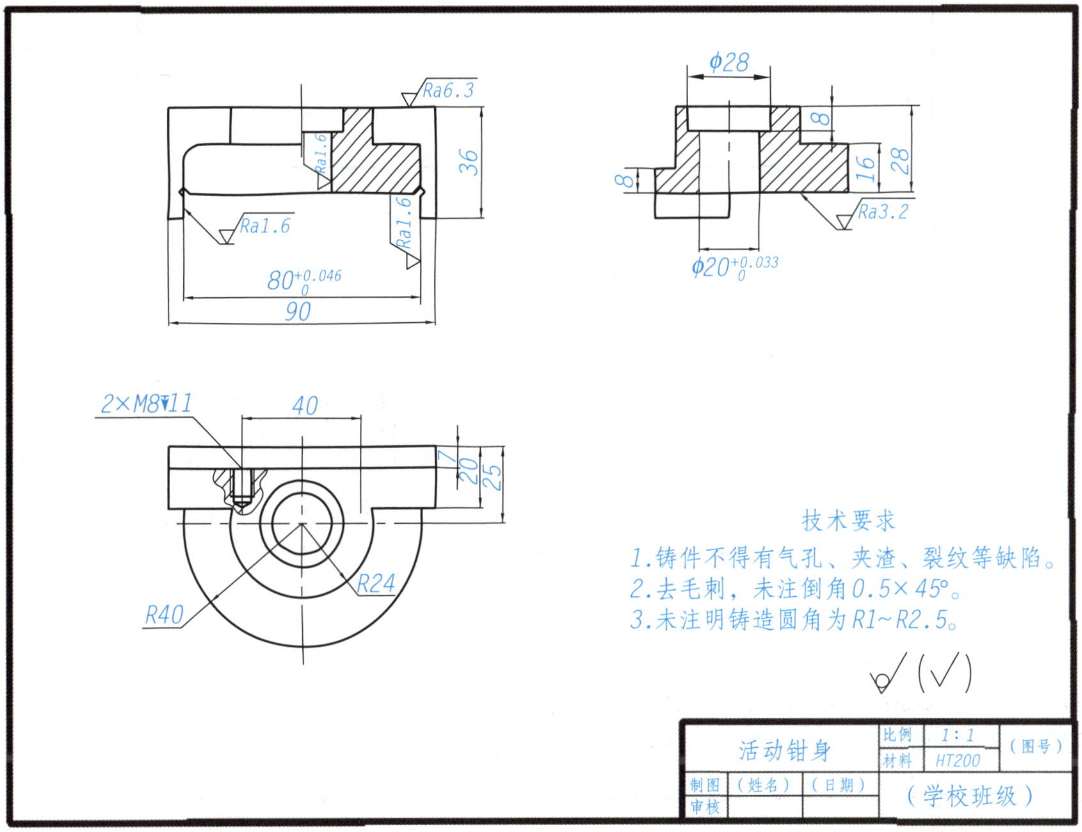

图 3－16　活动钳身零件草图

五　绘制机用虎钳装配图

根据机用虎钳装配示意图和零件草图绘制装配图。如果零件草图的结构形状或尺寸存在问题，应在绘制装配图时对照零件进行核对并修改。

1. 确定表达方案

采用 3 个基本视图和 1 个单独表达零件的视图。

主视图采用全剖视图和一个局部剖视图，机用虎钳的全部零件都集中绘制在主视图上，以反映其工作原理和零件间的装配关系。

俯视图采用局部剖视表达钳口板与固定钳身连接处的局部结构，并表达机用虎钳的外形。

左视图采用半剖视表达固定钳身、活动钳身与螺母块间的装配关系。

B 向视图单独表达钳口板的形状。

2. 绘制装配图

（1）确定图纸幅面和绘图比例。

图纸幅面和绘图比例应根据装配体的复杂程度和实际大小来确定，应能够清楚表达主要装配关系和主要零件的结构。确定图幅时，还应注意在视图之间留出足够的空隙，以便标注尺寸、编写零件序号、注写明细栏和技术要求等。经分析，确定机用虎钳图纸幅面为 A2，绘图比例为 1 : 1。

（2）绘制图框、标题栏、明细栏，以及各视图的主要轴线、对称中心线和作图基准线，如图 3－17 所示。

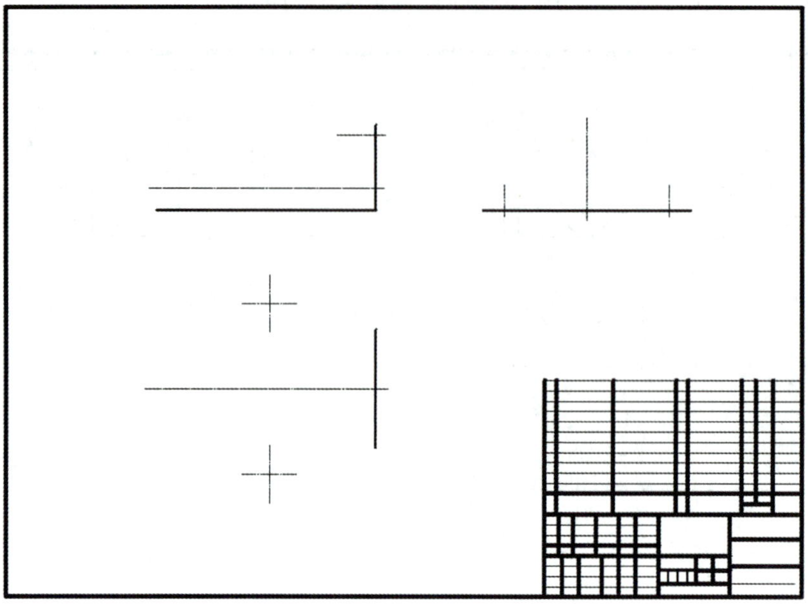

图 3－17　标题栏和主要轴线

（3）绘制固定钳身轮廓线。

首先绘制主要零件或较大零件的轮廓线。机用虎钳的较大零件是固定钳身，可从主视图入手，绘制固定钳身各视图的轮廓线，如图 3－18 所示。

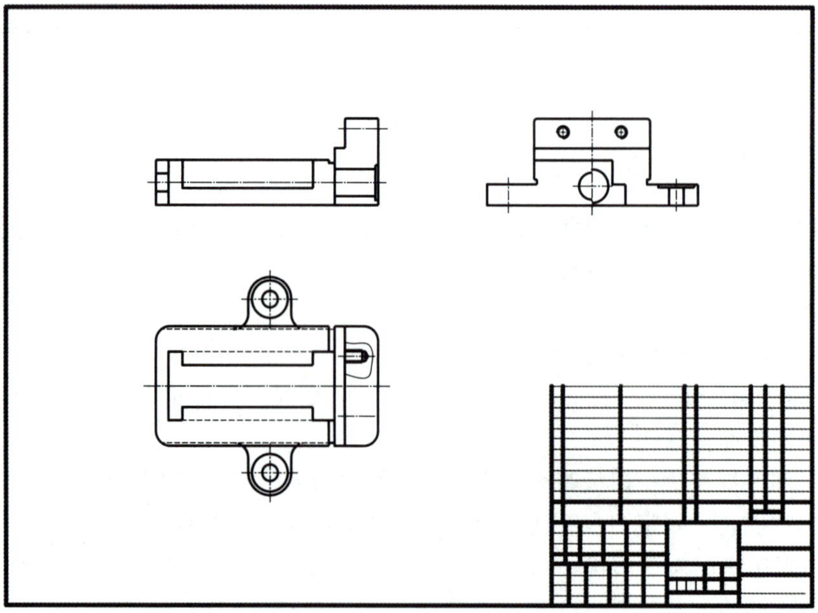

图 3－18　固定钳身轮廓线

（4）绘制其他零件各视图轮廓线。

依次绘制活动钳身、螺母块、螺钉、钳口板、螺杆等零件，注意 3 个视图要联系起来绘制，如

图 3－19 所示。

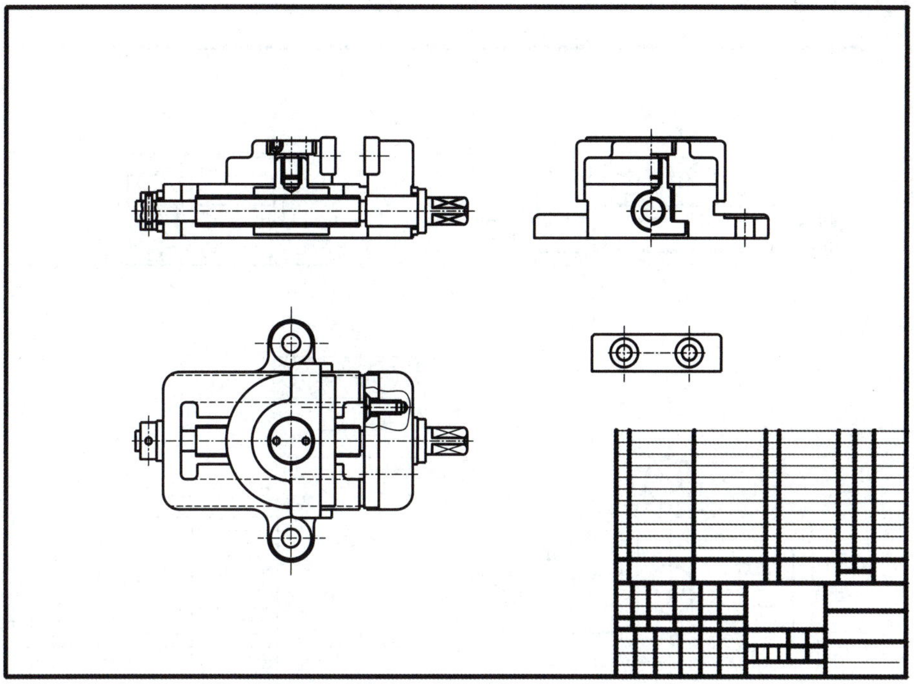

图 3－19　其他零件各视图轮廓线

（5）绘制剖面线。

绘制完视图之后，要进行检查修正，确定无误后在相应位置绘制剖面线及钳口板加工的滚花符号，如图 3－20 所示。

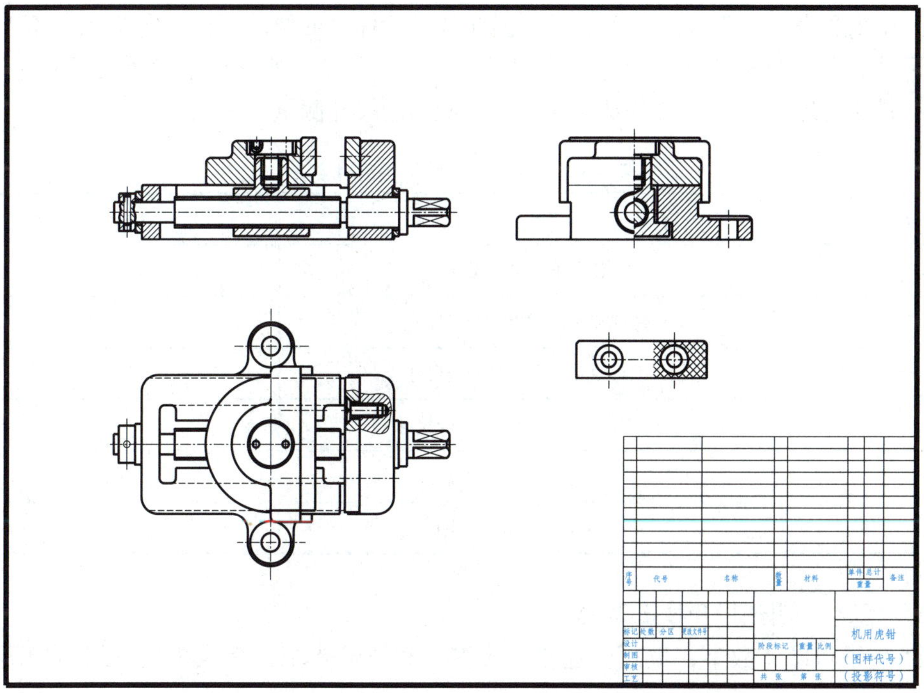

图 3－20　剖面线

（6）绘制尺寸线。

绘制全部尺寸界线、尺寸线、箭头及剖切符号，如图3－21所示。

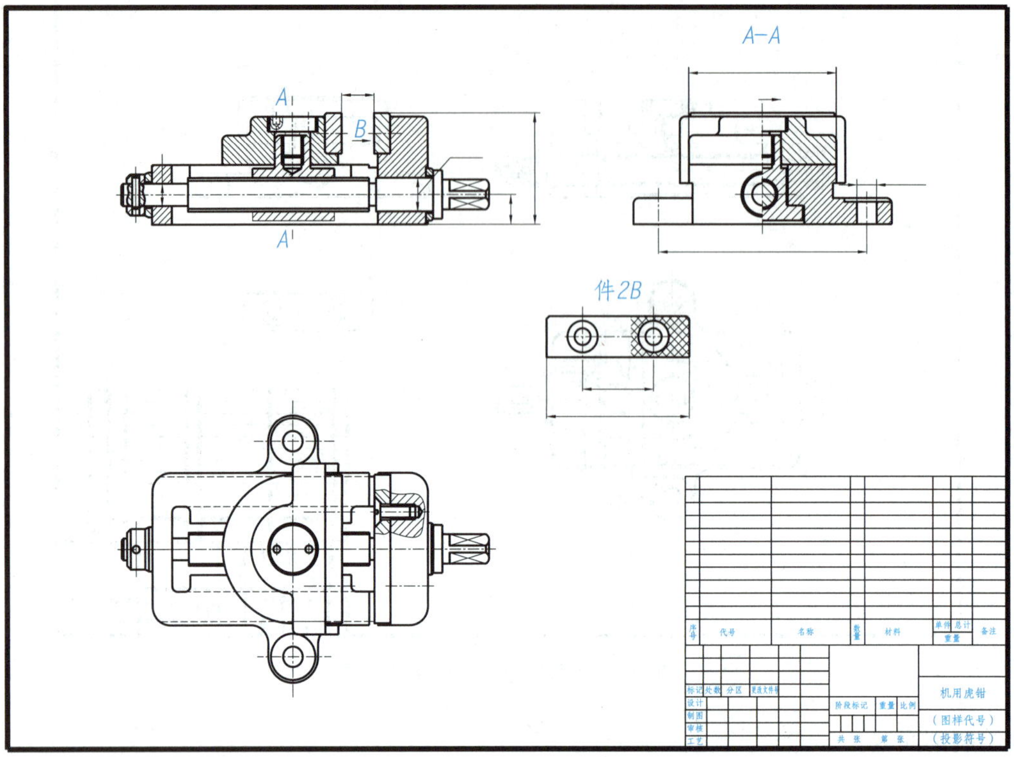

图3－21　尺寸界线、尺寸线、箭头及剖切符号

（7）尺寸测量与标注。

装配图的作用是表达零部件的装配关系，因此其尺寸标注的要求不同于零件图。不需要注出每个零件的全部尺寸，通常只标注性能尺寸、装配尺寸、安装尺寸、外形尺寸和重要尺寸这五大类尺寸。请同学们使用测量工具参考表3－2完成机用虎钳装配图的尺寸测量。

表3－2　机用虎钳装配图尺寸测量

分类	描述	尺寸数值
性能尺寸	装夹零件最大尺寸	
装配尺寸	螺杆和固定钳座孔配合尺寸	
	螺母块和固定钳身配合尺寸	
	固定钳座和活动钳身配合尺寸	
外形尺寸	总长、总宽、总高	
安装尺寸	安装孔径、安装孔距	

（8）填写标题栏、明细栏和技术要求。

标注零件编号和尺寸数字，填写标题栏、明细栏和技术要求，完成机用虎钳装配图的绘制，如图3－22所示。

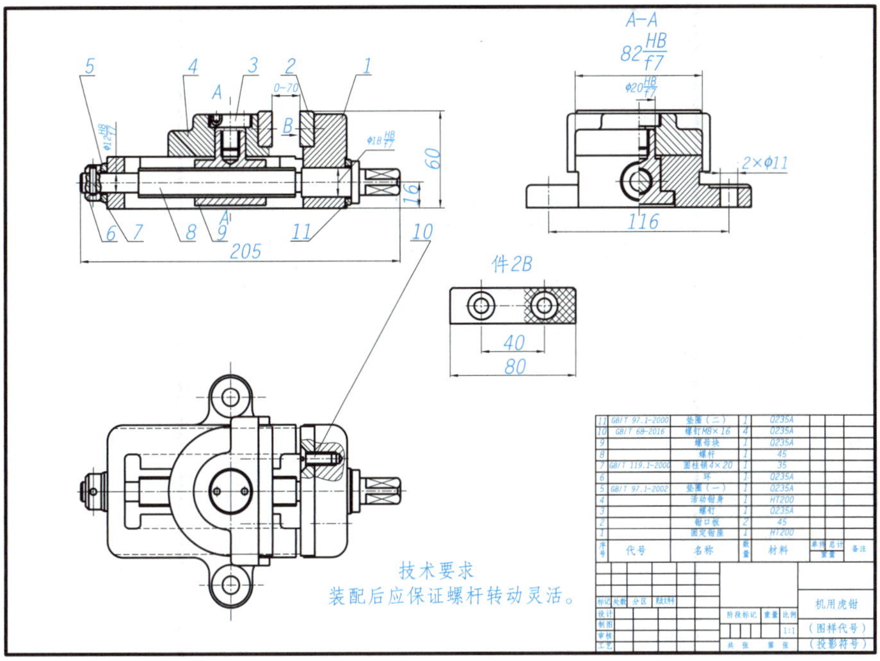

图 3－22 机用虎钳装配图

六 绘制零件工作图

由于装配图主要用于表达装配关系，对某些零件的结构形状往往表达得不够完整，因此需要绘制零件工作图。从零件草图到零件工作图不是简单重复或照抄，应再次检查，及时修正，并按装配图中选定的极限与配合要求，在零件图上标注尺寸公差数值、几何公差代号和表面结构要求。

机用虎钳零件工作图如图 3－23 至图 3－29 所示。

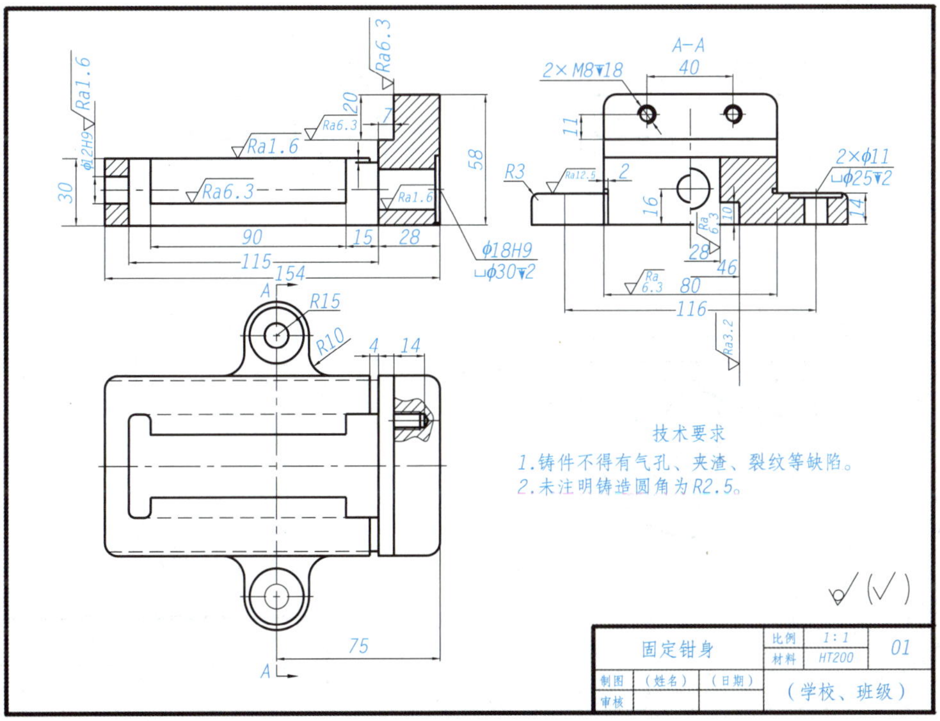

图 3－23 固定钳身零件工作图

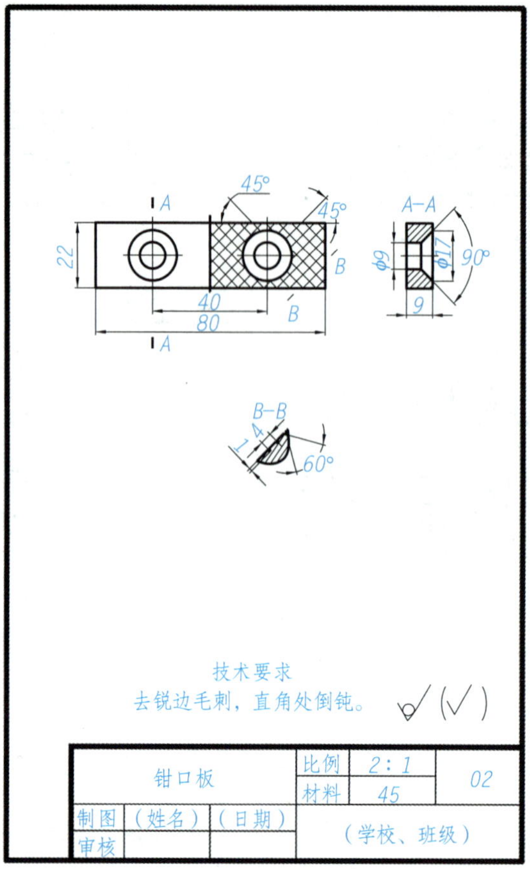

图 3-24　钳口板零件工作图

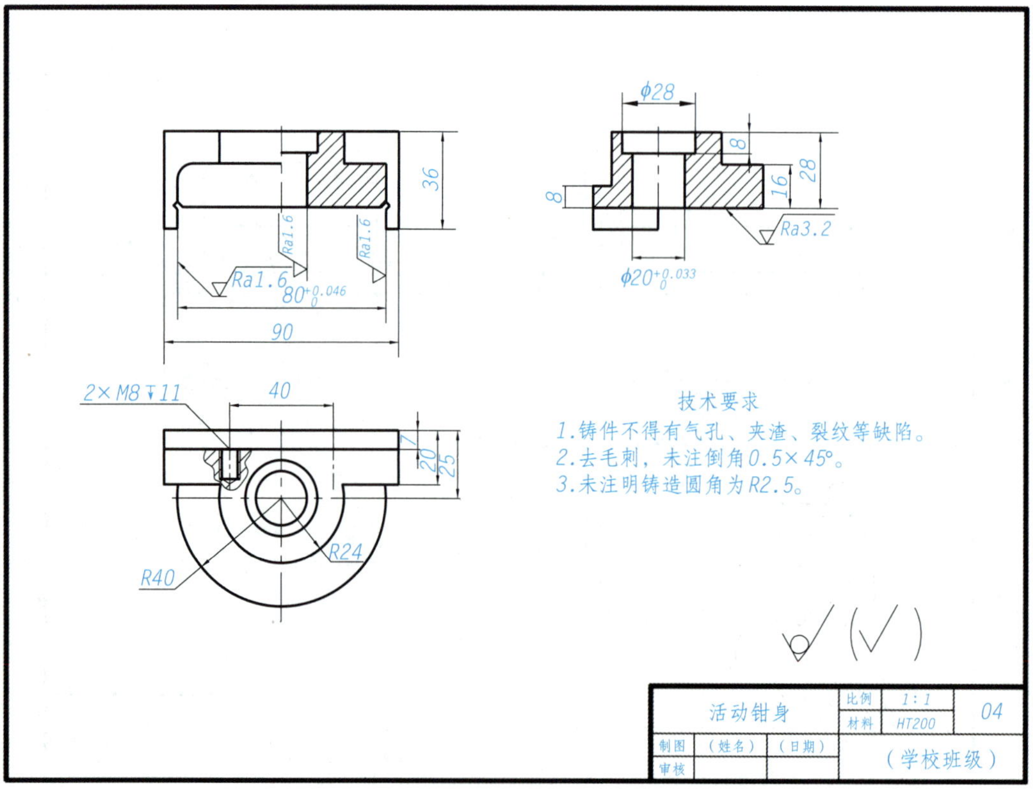

图 3-25　活动钳身零件工作图

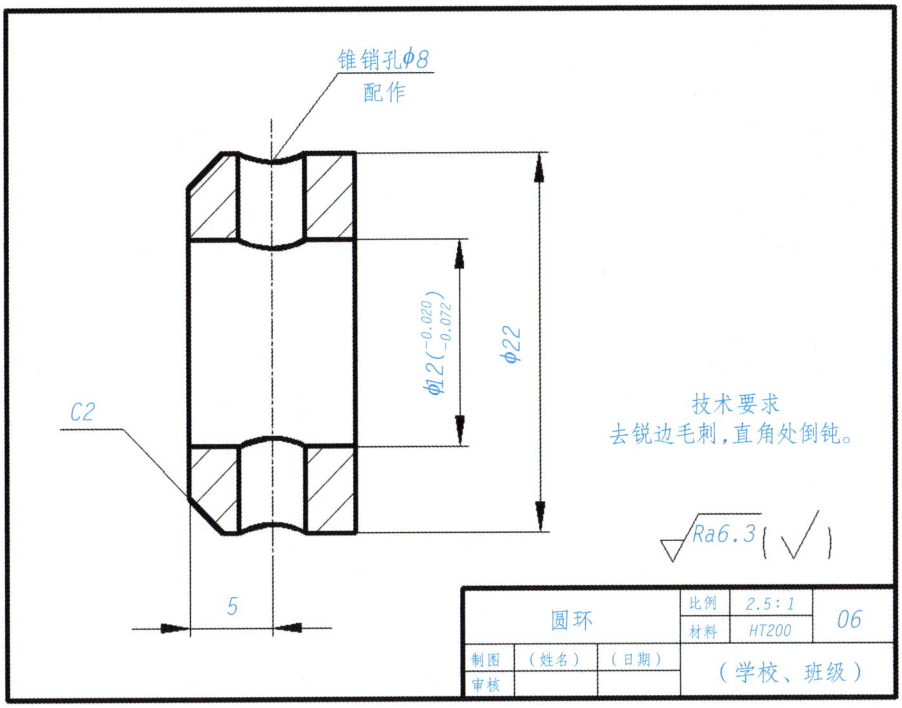

图 3-26 圆环零件工作图

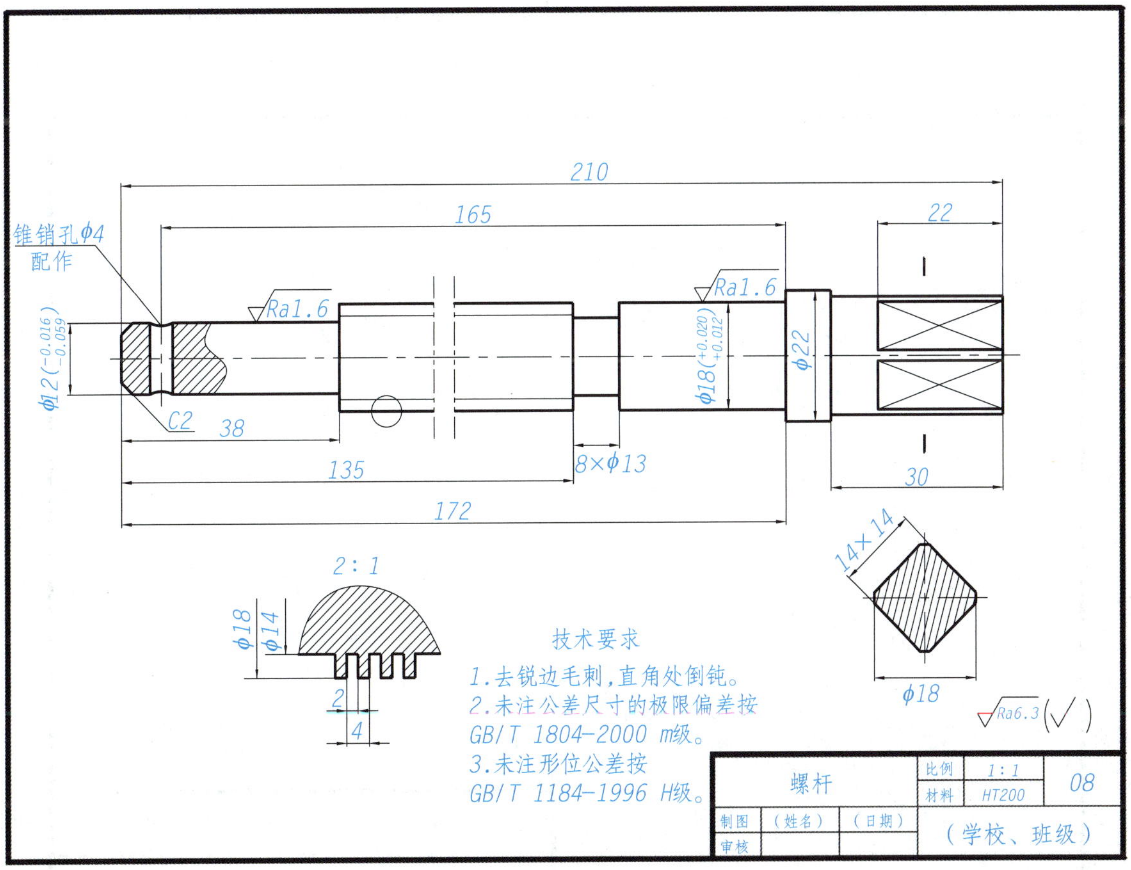

图 3-27 螺杆零件工作图

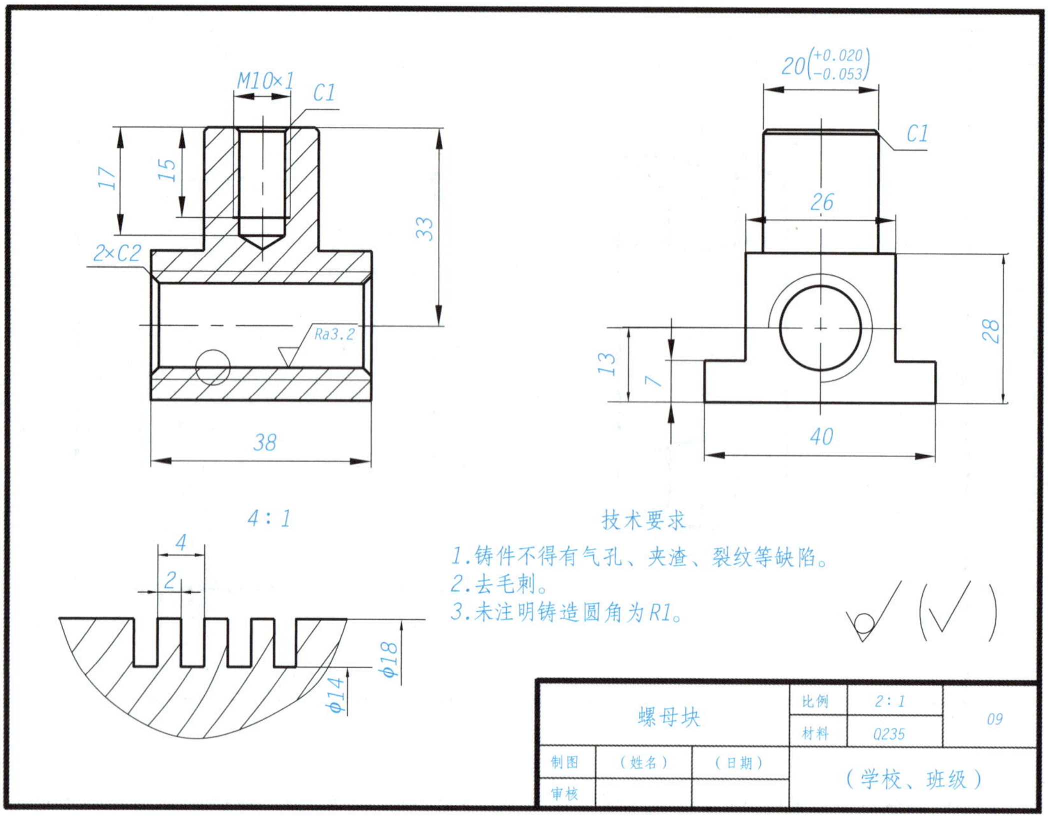

图 3-28　螺母块零件工作图

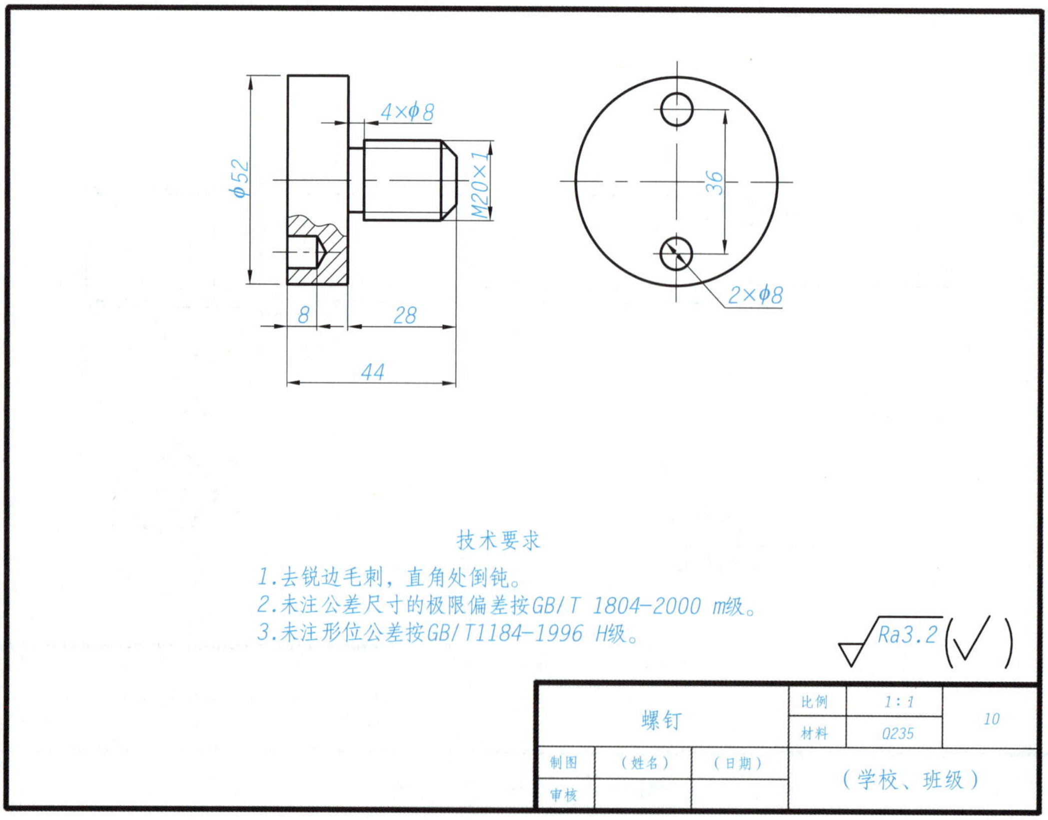

图 3-29　螺钉零件工作图

任务二　齿轮油泵测绘

知识图谱

齿轮油泵部件分析
- 工作原理
- 结构分析

→ **齿轮油泵部件拆卸**
- 部件拆卸
- 绘制装配示意图

→ **齿轮油泵零件草图**
- 右泵盖
- 传动齿轮

→ **齿轮油泵装配图**
- 确定表达方案
- 绘制装配图

→ **齿轮油泵零件工作图**
- 右泵盖
- 泵体
- 左泵盖
- 传动齿轮
- 从动齿轮轴
- 主动齿轮轴
- 垫片
- 填料压盖
- 填料压套
- 填料

任务实践

一　齿轮油泵部件工作原理分析

齿轮油泵实物模型如图 3 - 30 所示。齿轮油泵是润滑系统的一个部件，通过泵体内啮合齿轮形成的工作腔的容积变化来输送润滑油，从而降低零件间的磨损。

图 3 - 30　齿轮油泵实物模型

齿轮油泵由 15 种零件组成，如图 3 - 31 所示。其工作原理如下：电动机带动传动齿轮转动，传动齿轮通过键连接将运动和动力传给主动齿轮轴，主动齿轮轴上的主动齿轮通过与从动齿轮啮合带动从动齿轮轴转动，两个啮合的齿轮将泵腔分成两个密封的空间。如图 3 - 32 所示，当齿轮按图示箭头方向旋转时，右侧泵腔内容积增大形成局部真空，使腔内压力降低，在大气压力的作用下，油被吸入进油腔。通过齿轮传动，进油腔的油被带入出油腔，出油腔的容积随着齿轮的传动由大到小，油压升高，油被输出至机器需要润滑的部位，由此实现吸油排油的工作过程。

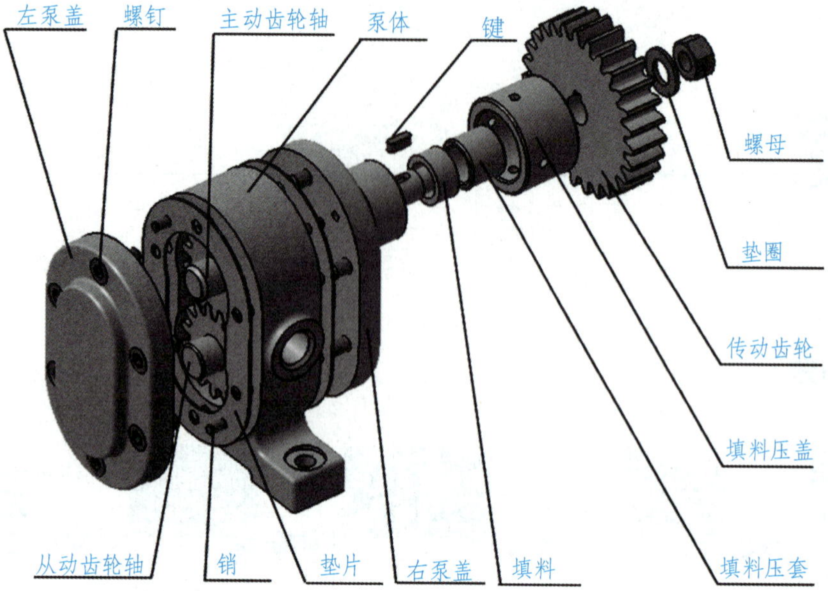

图 3-31 齿轮油泵结构组成

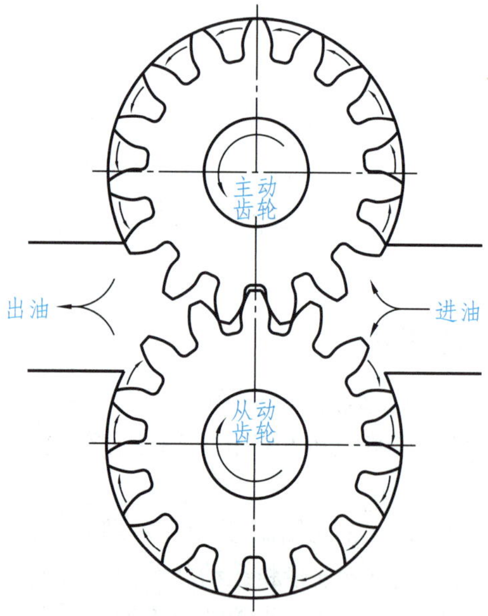

图 3-32 齿轮油泵工作原理

二 齿轮油泵的拆卸

用 L 型内六角螺钉旋具将齿轮油泵上的螺钉全取下来。把齿轮油泵分成三部分：左泵盖、泵体、右泵盖。

先拆左泵盖和密封垫片。取下 2 个定位销，然后拆右泵盖上的零件，拧开齿轮轴上的螺母，再取下垫圈和传动齿轮，接着拧下齿轮轴上的填料压盖，取下填料压套和填料。

最后拆解泵体和右泵盖。拆下密封垫片与 2 个定位销，然后取出主动齿轮轴与传动齿轮轴。

拆卸完成后，经整理和分析可知，齿轮油泵由 15 种零件组成，其中标准件 5 种（见表 3-3），非标准件 10 种（见表 3-4）。

表 3－3　齿轮油泵标准件明细

序号	名称	规格	国标号	数量
1	螺母	M12	GB/T 6170—2015	1
2	垫圈	12	GB/T 97.1—2002	1
3	螺钉	M8 × 16	GB/T 70.1—2008	12
4	销	5 × 20	GB/T 119.1—2000	4
5	键	5 × 5 × 13	GB/T 1096—2003	1

表 3－4　齿轮油泵非标准件明细

序号	名称	材料	数量
1	泵体	HT150	1
2	左泵盖	HT150	1
3	右泵盖	HT150	1
4	垫片	石棉	2
5	主动齿轮轴	45	1
6	从动齿轮轴	45	1
7	填料	毛毡	1
8	压套	Q235	1
9	压盖	Q235	1
10	传动齿轮	45	1

三　绘制装配示意图

齿轮油泵有两条装配线：一条是主动齿轮轴装配线，主动齿轮轴装在泵体和左、右泵盖的支承孔内，在主动齿轮轴右边的伸出端装有填料、压套、压盖、传动齿轮、键、垫圈和螺母；另一条是从动齿轮轴装配线，从动齿轮轴装在泵体和左、右泵盖的支承孔内，与主动齿轮轴相啮合。泵体与左、右泵盖连接时，垫片被压紧，起到密封作用。泵体与泵盖通过销和螺钉定位连接，主动齿轮轴伸出端上的传动齿轮通过键与轴连接，并由弹簧垫圈和螺母固定。齿轮油泵装配示意图如图 3－33 所示。

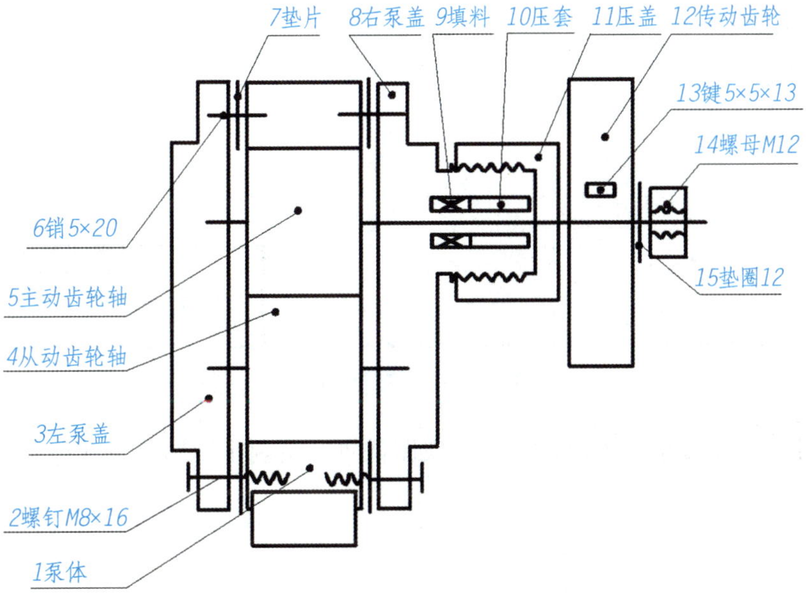

图 3－33　齿轮油泵装配示意图

四 测量并绘制齿轮油泵零件草图

齿轮油泵中除了 5 个标准件以外，其他都是非标准件，都要画出零件草图。齿轮油泵的主动齿轮轴、从动齿轮轴属于典型轴类零件，左泵盖、右泵盖属于典型轮盘类零件，泵体属于典型箱体类零件。主动齿轮轴、左泵盖与泵体草图已在项目二绘制完成。下面介绍齿轮油泵中的右泵盖和传动齿轮零件草图的测绘过程。

1. 右泵盖的测绘

（1）确定视图表达方案。

右泵盖上面有主动齿轮轴穿过，下面有从动齿轮轴轴颈的支承孔，右部凸缘的外圆柱面上有外螺纹，用压盖通过压套将填料压紧在轴的周围。右泵盖的外形为长圆形，周围分布 6 个沉头螺钉孔和 2 个圆柱销孔。

右泵盖主视图的投射方向按其工作位置确定，并用一组相交的剖切平面对主视图作全剖视。由于主视图未能表达右泵盖的端面形状和连接板上孔的分布情况，因此用左视图来表达。

（2）绘制零件草图。

1）目测确定图幅 A3，绘图比例为 1∶1，徒手绘制图框和标题栏，如图 3－34 所示。

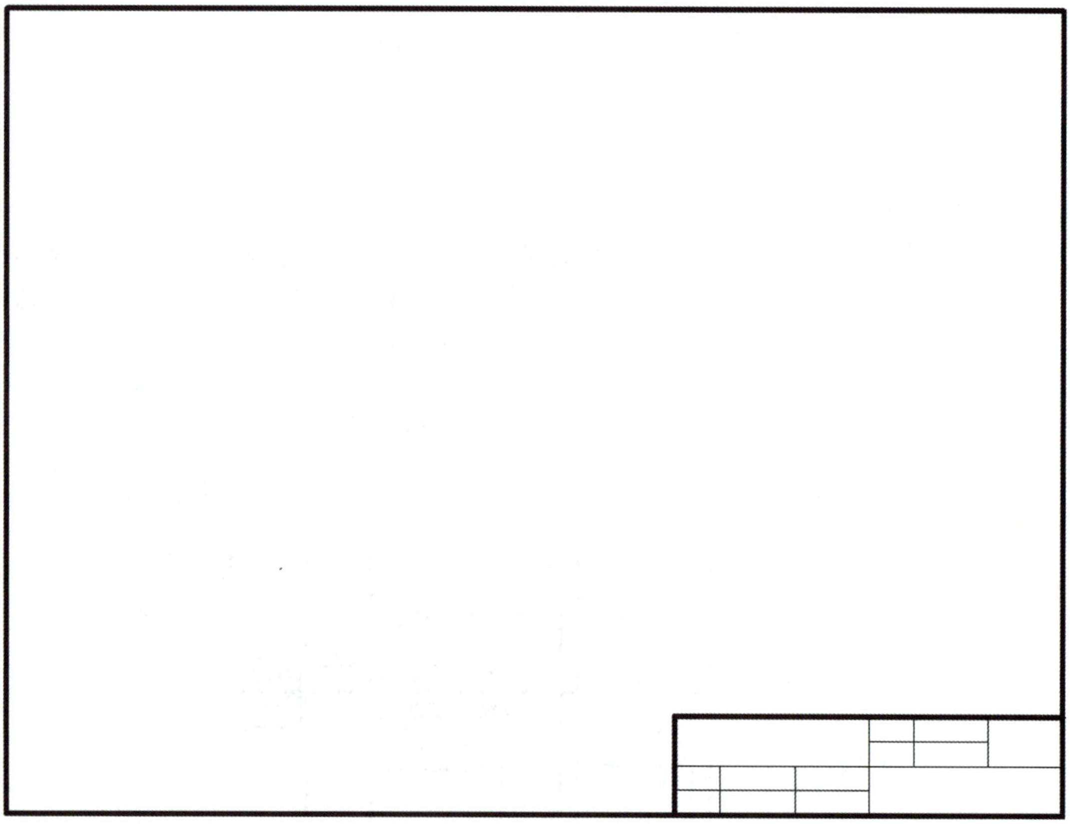

图 3－34　图框和标题栏

2）根据视图表达方案布置图形，定出各视图位置，绘制主视图、左视图基准线，如图 3－35 所示。

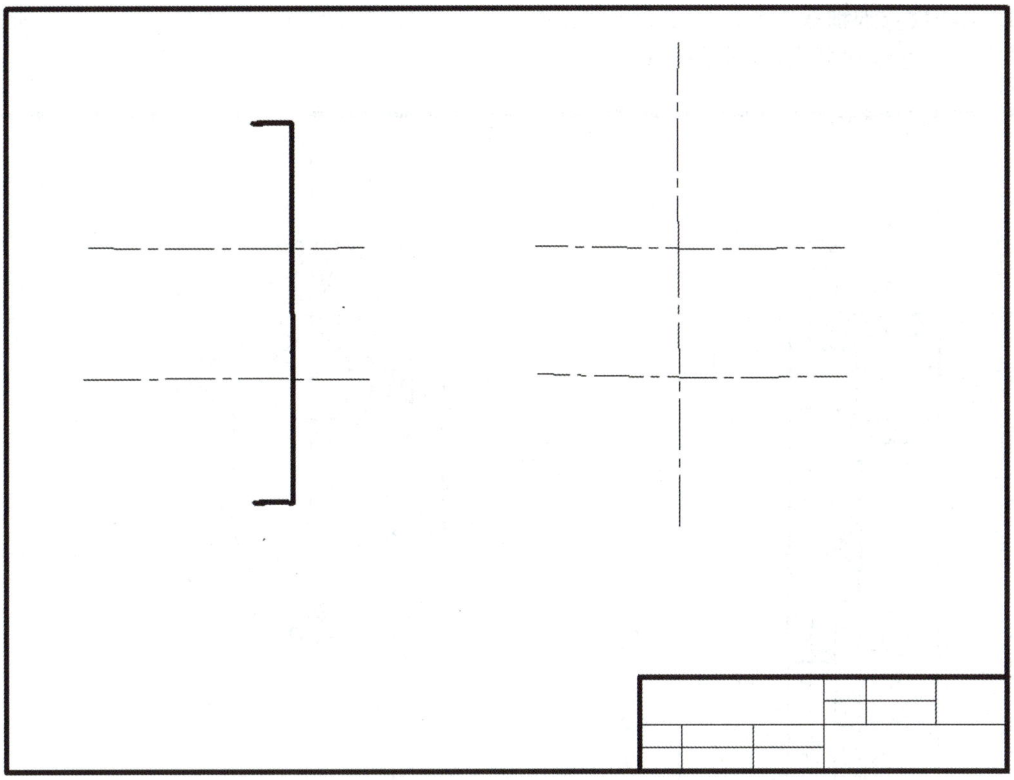

图 3－35　基准线

3）徒手绘制右泵盖全部视图轮廓草图，如图 3－36 所示。

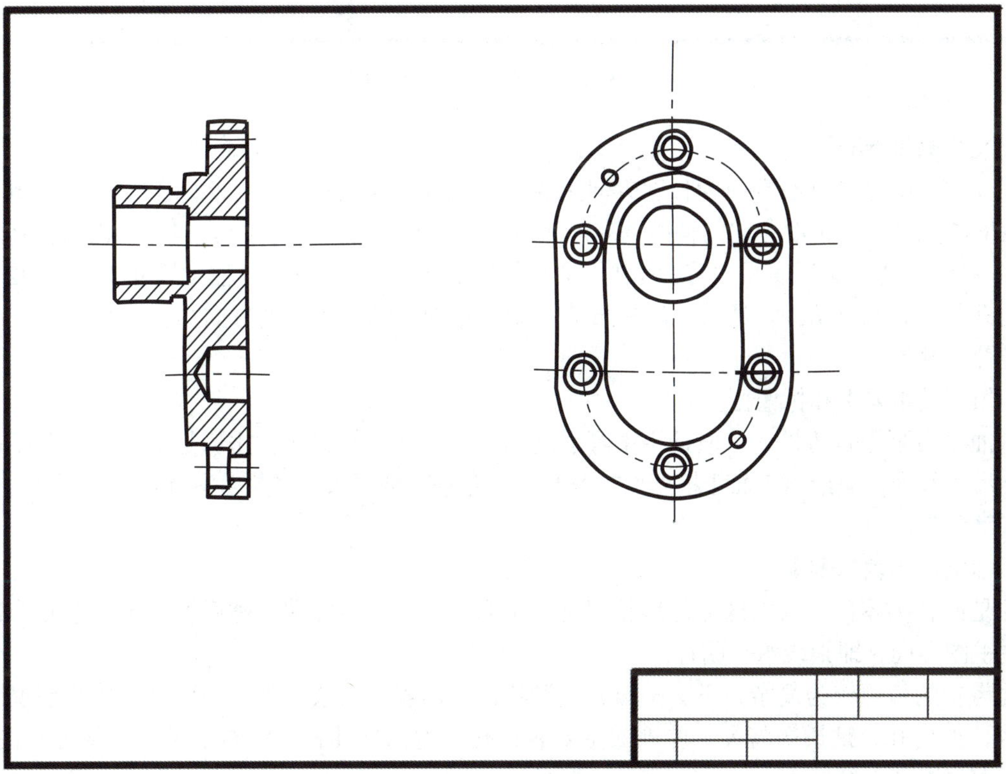

图 3－36　右泵盖全部视图轮廓草图

4）以主动齿轮轴轴线为径向尺寸的主要基准，以右端面为长度方向尺寸的主要基准，徒手绘制全部尺寸界线、尺寸线和箭头，如图 3－37 所示。

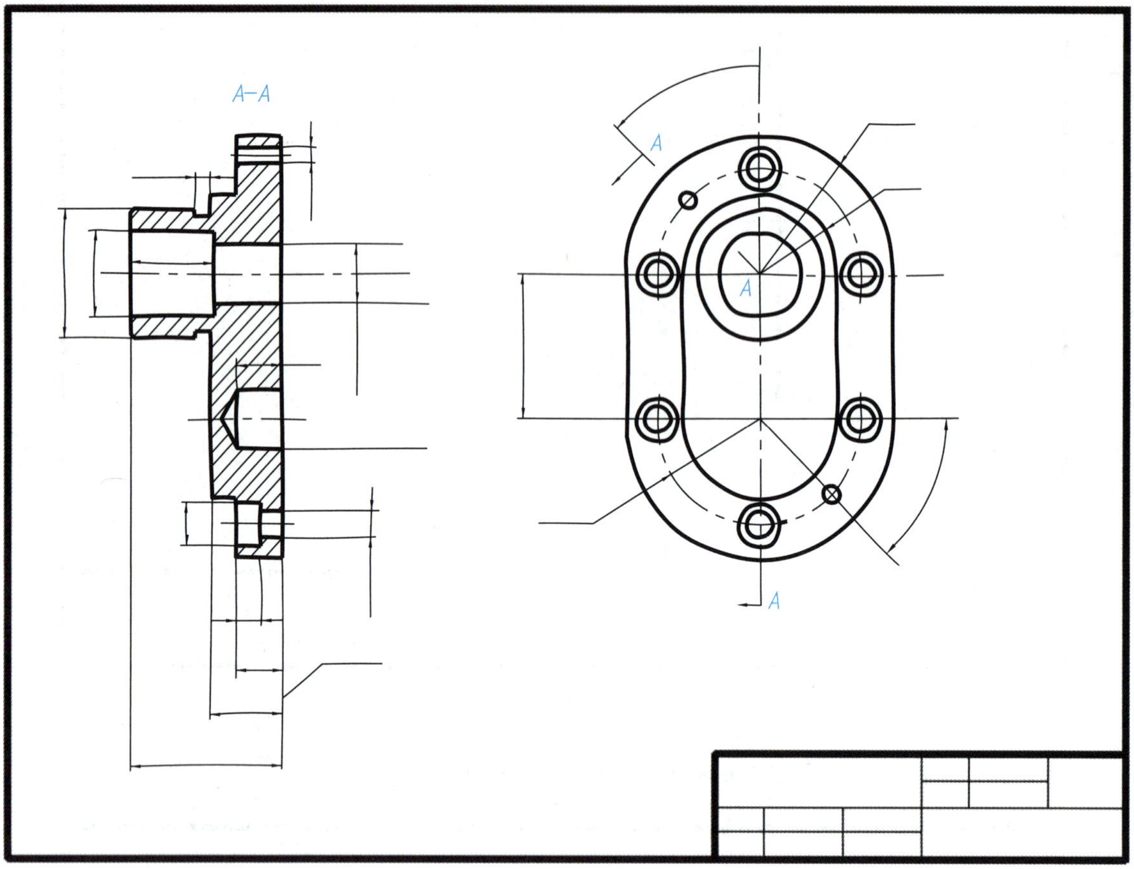

图 3－37　尺寸界线、尺寸线和箭头

（3）尺寸测量与标注。

如图 3－38 所示，以右端面为长度方向主要尺寸基准，注出尺寸 14、22、47，以及盲孔深度 14。以右泵盖的凸缘表面为长度方向的辅助基准，注出外螺纹退刀槽长度尺寸 5。以左端面为辅助基准，注出尺寸 26 和沉头孔沉头深度 8。以对称中心线为宽度方向主要尺寸基准，注出尺寸 *R*24、*R*42，以及螺钉孔、销孔的定位尺寸 *R*32。最后，以右泵盖主动齿轮轴的轴线为高度方向主要尺寸基准，注出盲孔 ϕ18 的定位尺寸 44。

（4）填写技术要求和标题栏。

齿轮油泵右泵盖是铸件，一般选用中等强度的灰铸铁，如 HT200，比例是 1∶1。右端面是长度方向的主要尺寸基准，应给出表面粗糙度要求及几何公差垂直度要求。右泵盖零件草图如图 3－39 所示。

2. 传动齿轮的测绘

（1）确定视图表达方案。

齿轮是回转类零件，其大部分外形轮廓需在车床上完成，齿廓和键槽后续加工，因此选择加工位置作为主视图方向，即轴线水平放置。

传动齿轮的齿廓较为复杂，不必画出完整形状，采用规定画法。主视图可直接作全剖视以表达其内部结构，如内孔、键槽等特征；左视图主要表达孔和键槽尺寸；图纸右上角以表格形式注明模数、齿数、压力角等基本参数。

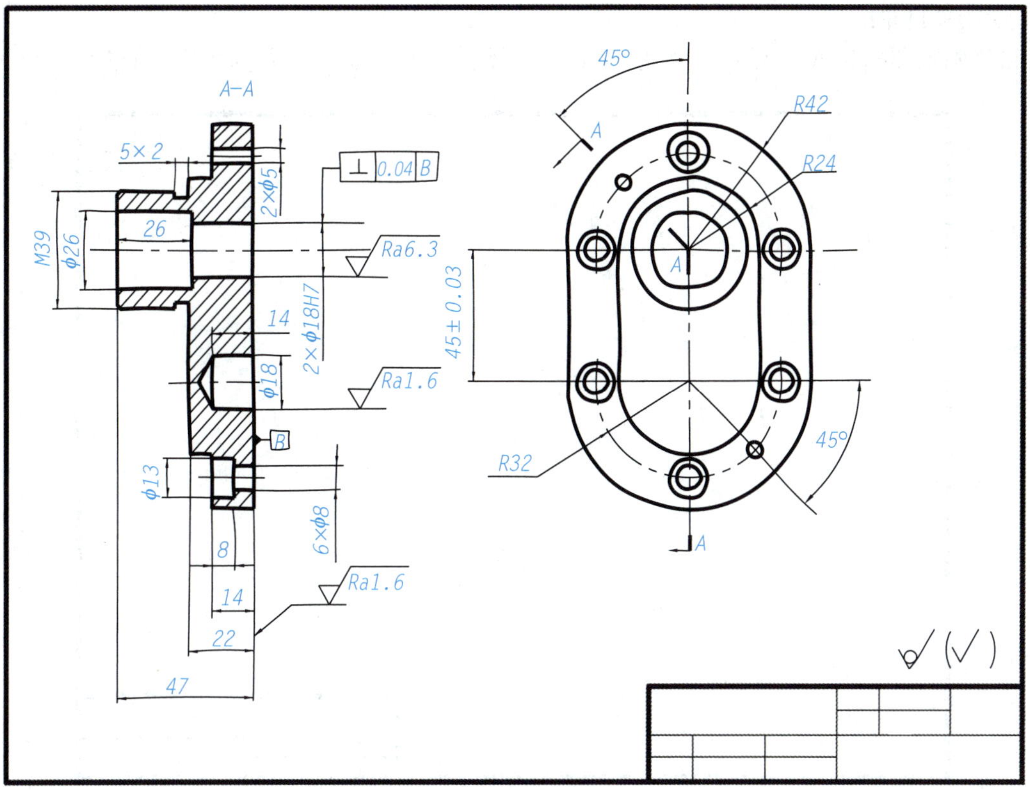

图 3-38 右泵盖尺寸

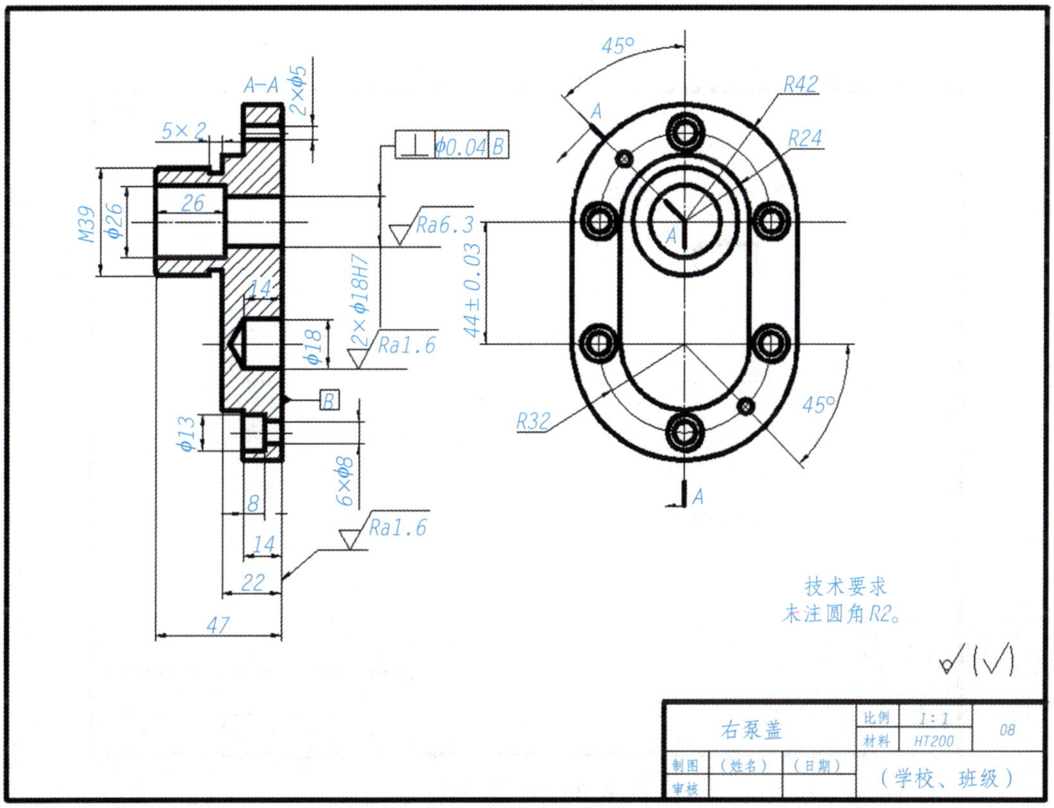

图 3-39 右泵盖零件草图

（2）绘制零件草图。

1）目测确定图幅为 A4，绘图比例为 1∶1，徒手绘制图框、标题栏及参数栏，如图 3－40 所示。

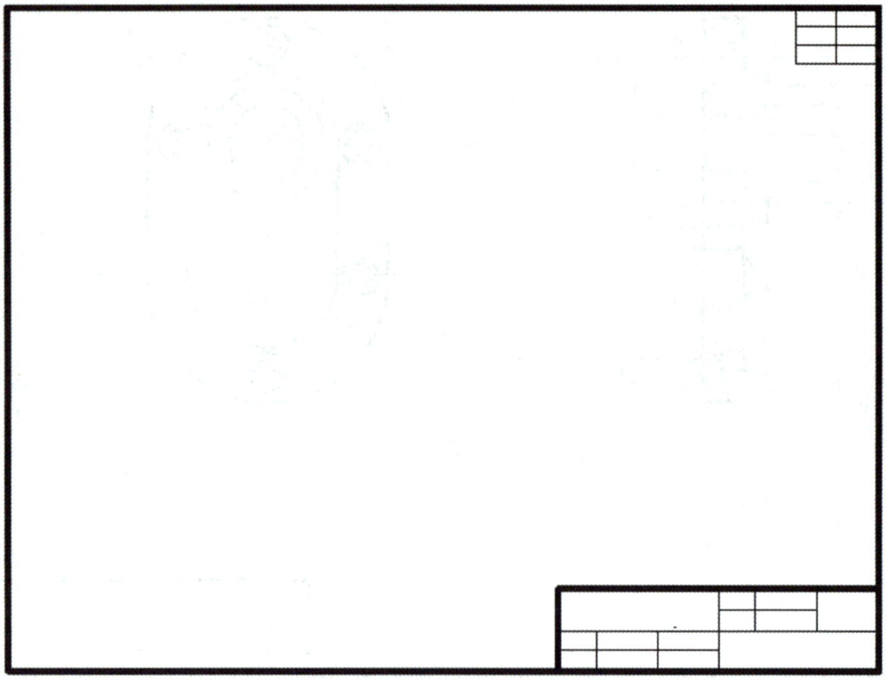

图 3－40　图框、标题栏及参数栏

2）根据视图表达方案布置图形，定出各视图位置，绘制主视图、左视图基准线，如图 3－41 所示。

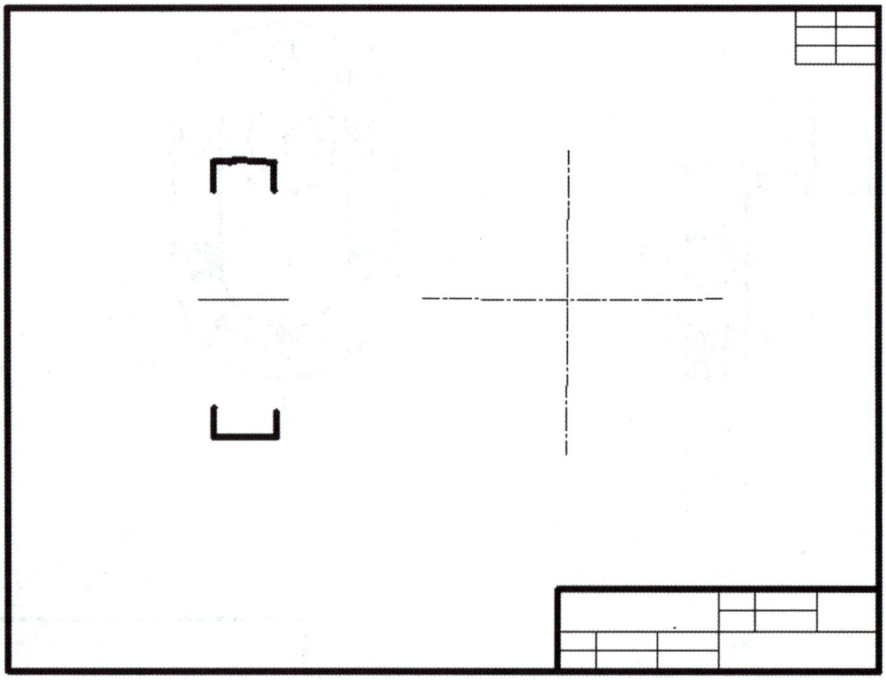

图 3－41　基准线

3）徒手绘制传动齿轮全部轮廓草图，如图 3－42 所示。

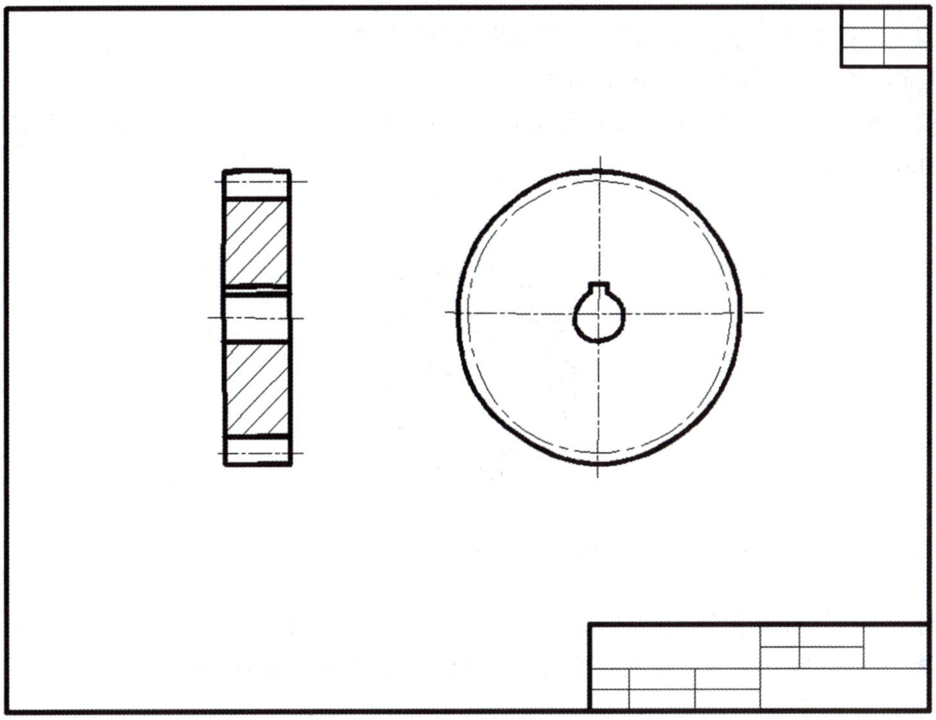

图 3－42 传动齿轮全部轮廓草图

4）徒手绘制全部尺寸界线、尺寸线和箭头，如图 3－43 所示。

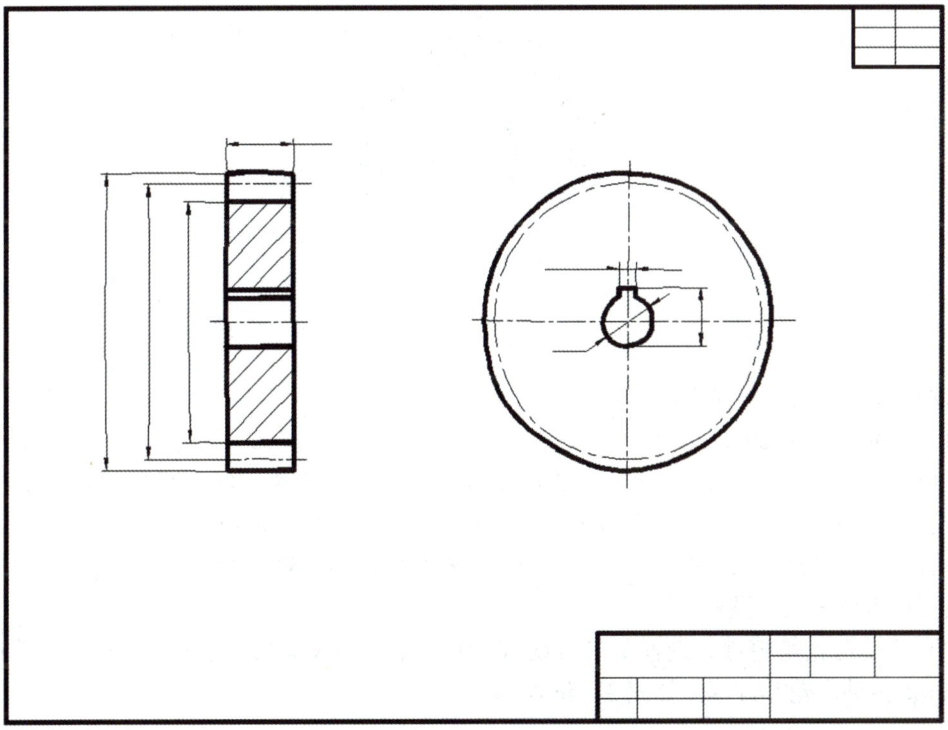

图 3－43 尺寸界线、尺寸线和箭头

（3）尺寸测量与标注。

1）齿数 z。

齿数 z 的确定很简单，依次数出即可。传动齿轮齿数为 27。

2）齿顶圆直径 d_a、齿根圆直径 d_f 的测量。

当 z 为偶数时，可直接用精密游标卡尺或千分尺在不同的径向方位上测量几组 d_a 和 d_f 数据，然后取平均值，如图 3－44 所示。

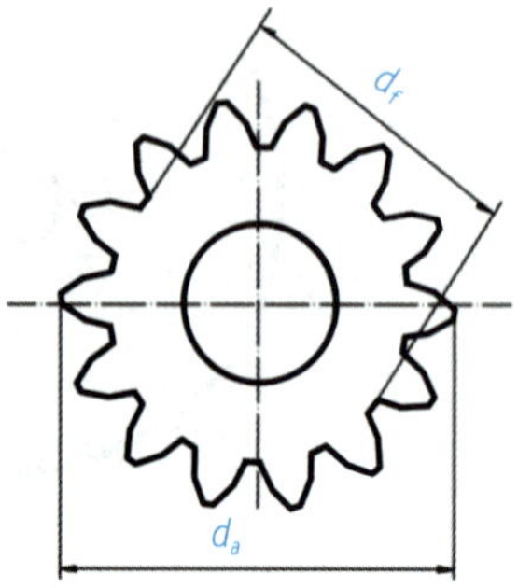

图 3－44　齿顶圆直径与齿根圆直径的测量（z 为偶数）

当 z 为奇数时，不能直接测出齿顶圆直径，需要先测量齿轮安装孔直径 D，再分别测量孔壁到某一齿顶的距离 H_1 和孔壁到某一齿根的距离 H_2，如图 3－45 所示。则齿顶圆直径 d_a 与齿根圆直径 d_f 可按下式求出：

$$d_a=D+2H_1$$

$$d_f=D+2H_2$$

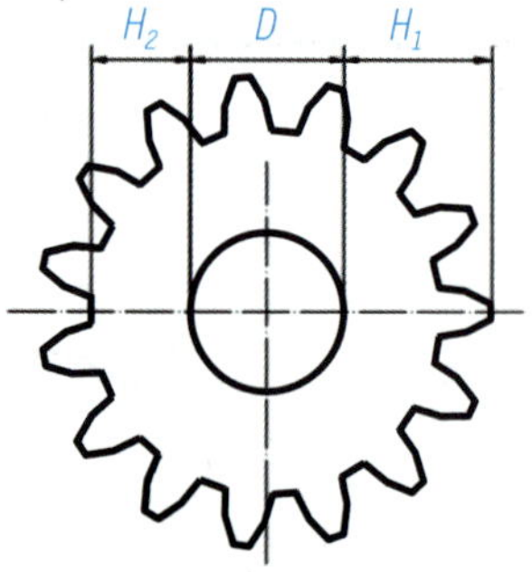

图 3－45　齿顶圆直径与齿根圆直径的测量（z 为奇数）

3）模数 m 和压力角 α 的测定。

压力角：标准齿轮 $\alpha=20°$，无须测量。

模数：可按 d_a 公式导出，即 $m=d_a/(z+2)$。齿数 z 可以先数出来，测得齿顶圆直径 d_a 后，即可计算出模数。注意，必须查表核对，取相近的标准模数，然后根据标准模数计算出轮齿的各基本尺寸。

4）传动齿轮的其他尺寸，如齿厚、内孔直径、键槽宽度等可按实物测量。

（4）填写技术要求和标题栏。

齿轮油泵传动齿轮是铸件，选择灰口铸铁 HT200，轮齿的表面粗糙度取 1.6μm，键槽孔的表面粗糙度取 3.2μm。传动齿轮零件草图如图 3－46 所示。

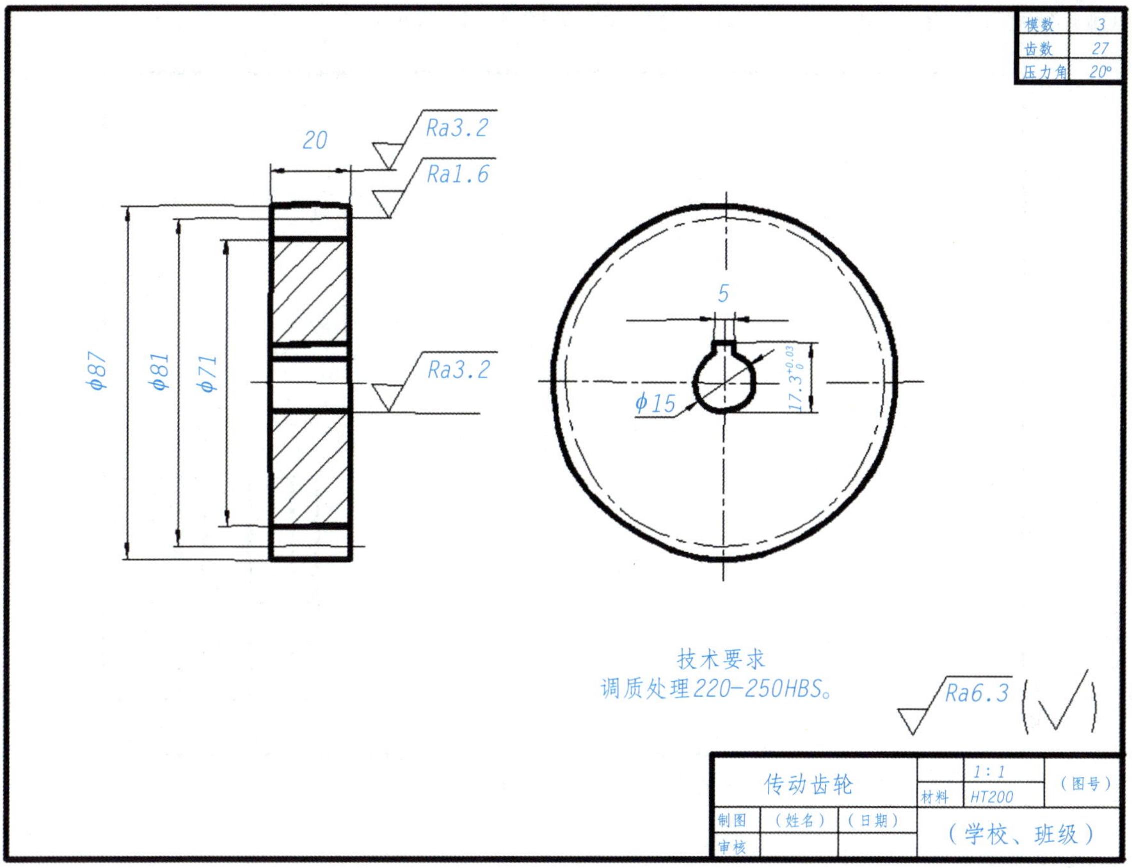

图 3-46　传动齿轮零件草图

五　绘制齿轮油泵装配图

根据齿轮油泵装配示意图和零件草图绘制装配图。如果零件草图的结构形状或尺寸存在问题，应在绘制装配图时对照零件进行核对并修改。

1. 确定表达方案

齿轮油泵装配图采用 3 个基本视图表达。

主视图采用全剖视图，尽量将部件的结构特点和零件间的装配、连接关系表达出来。

左视图采用半剖视和局部剖视图，既表达了泵体的外形结构，又清晰地表达了齿轮的啮合情况，还表达了定位销和连接螺钉的分布形式。局部剖视表达了进油口和安装孔的结构。

俯视图主要表达齿轮油泵的外形及零件间的相互位置关系。

2. 绘制装配图

（1）确定图纸幅面和绘图比例。

确定装配体表达方案后，根据齿轮油泵的总体尺寸、尺寸标注、零件序号和明细栏所占的位置确定图纸幅面为 A2，绘图比例为 1∶1。

（2）绘制各视图的中心线、对称线和基准线，如图 3－47 所示。

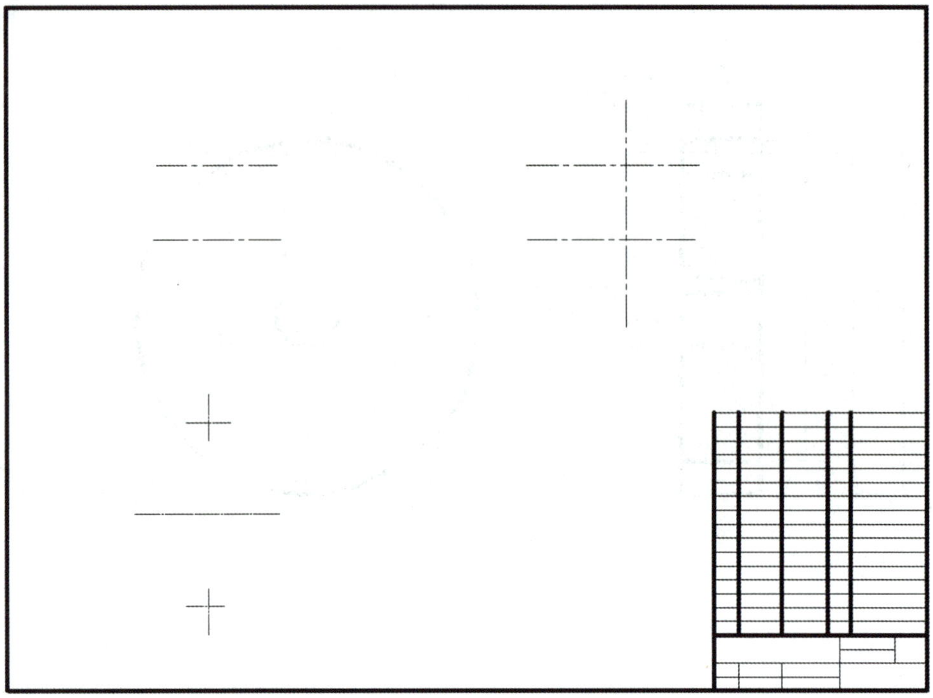

图 3－47　中心线、对称线和基准线

（3）绘制主要零件轮廓。

由主视图入手配合其他视图，按装配干线，从主动齿轮轴开始，绘制主动齿轮轴和从动齿轮轴啮合位置的主视图、俯视图及左视图轮廓线，如图 3－48 所示。

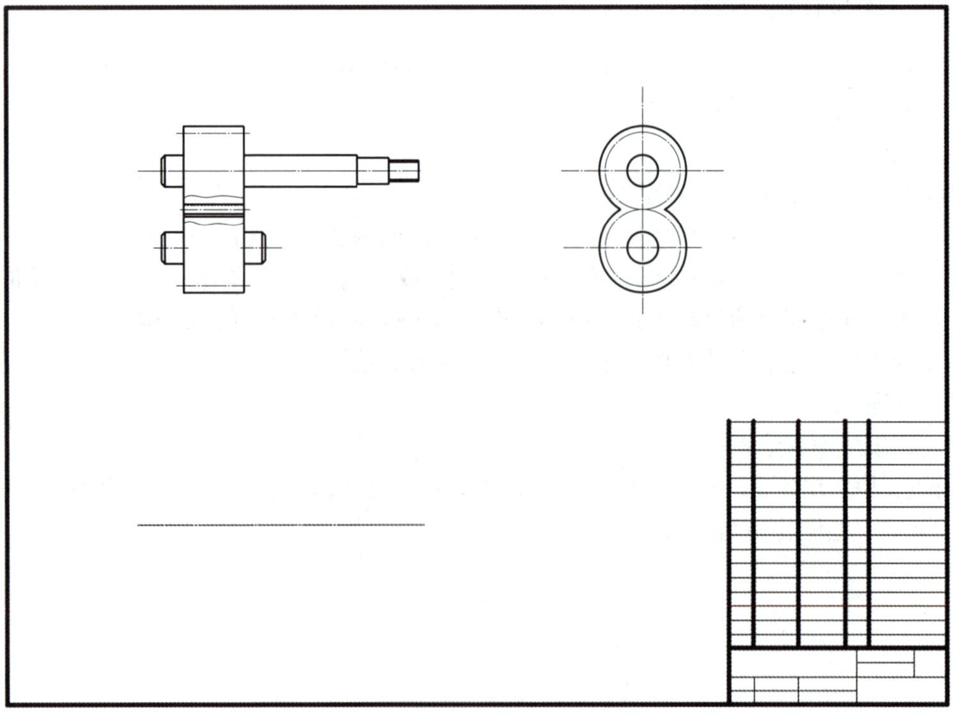

图 3－48　主动齿轮轴和从动齿轮轴啮合位置

（4）绘制其他零件各视图轮廓线。

主动齿轮轴和从动齿轮轴啮合位置绘制完成后，由内向外逐个绘制泵体、垫片、左右泵盖、填料、填料压套、填料压盖、键、传动齿轮等的轮廓线，如图 3－49 所示。

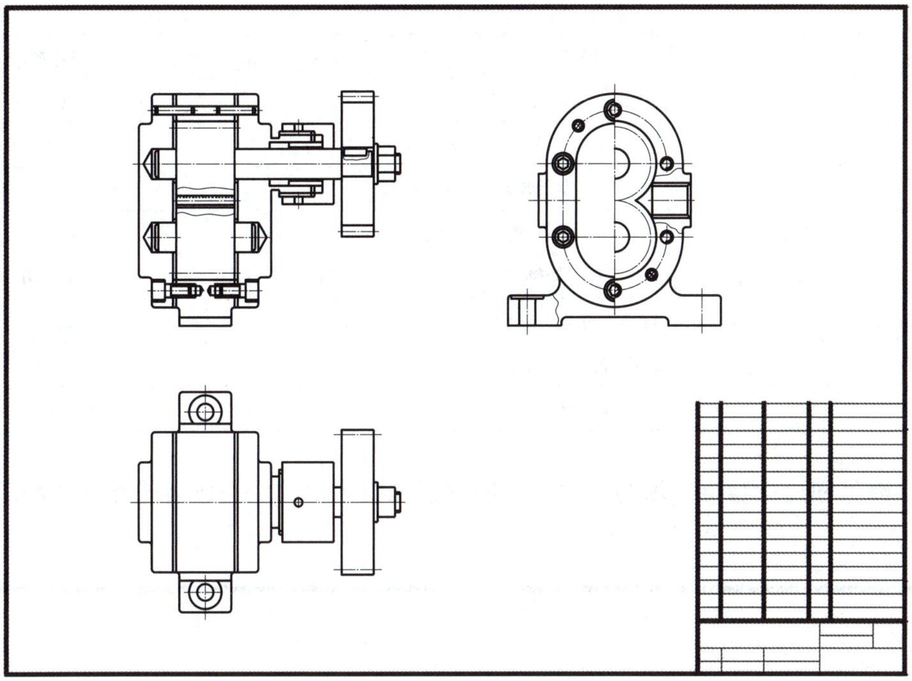

图 3－49　其他零件各视图轮廓线

（5）校验底稿并绘制剖面线。

校验底稿，完成连接件等局部结构的绘制并检查修正，加深图线，绘制剖面线，如图 3－50 所示。

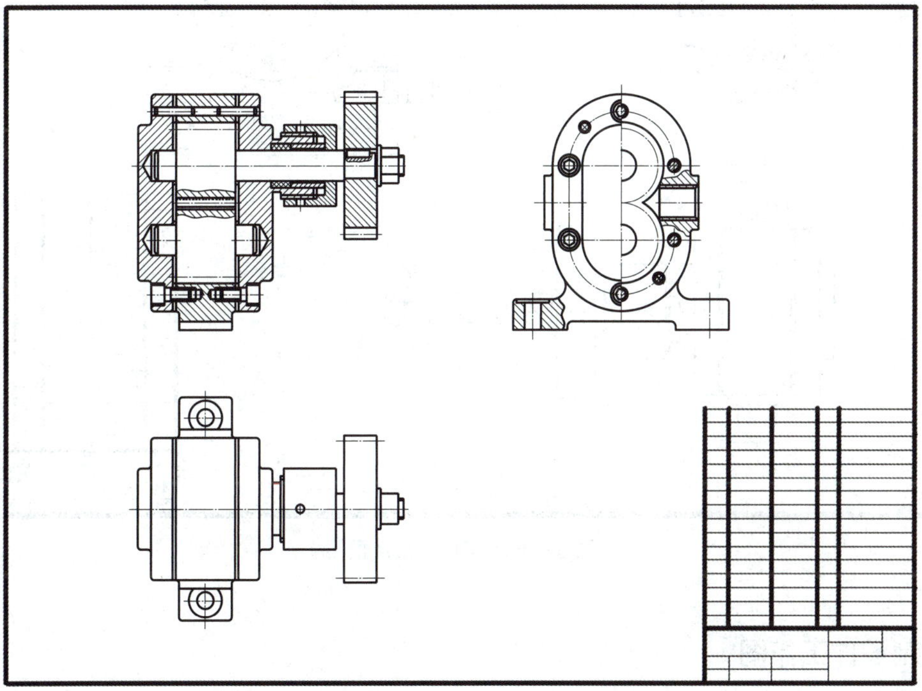

图 3－50　校验底稿并绘制剖面线

（6）尺寸测量与标注。

对于齿轮油泵，需要标注性能尺寸、装配尺寸、外形尺寸、安装尺寸和重要尺寸。请同学们使用测量工具参考表 3－5 完成齿轮油泵装配图的尺寸测量。

表 3－5　齿轮油泵装配图尺寸测量

分类	描述		尺寸数值
性能尺寸	进出油口螺纹孔尺寸		M20；75
装配尺寸	配合尺寸	主动齿轮轴、从动齿轮轴与泵体、左右泵盖	ϕ18H8/f7（间隙配合）
		主动齿轮轴与传动齿轮	ϕ15H7/k6（过渡配合）
	定位尺寸	M8 螺钉与底板距离	97
	齿轮啮合中心距	主动齿轮轴与从动齿轮轴的中心距	44 ± 0.03
外形尺寸	总长、总宽、总高		长 160；宽 132；高 139
安装尺寸	底板螺栓孔中心距		108
重要尺寸	泵体厚度		32

标注零件编号和尺寸数字，填写标题栏、明细栏和技术要求，完成齿轮油泵装配图的绘制，如图 3－51 所示。

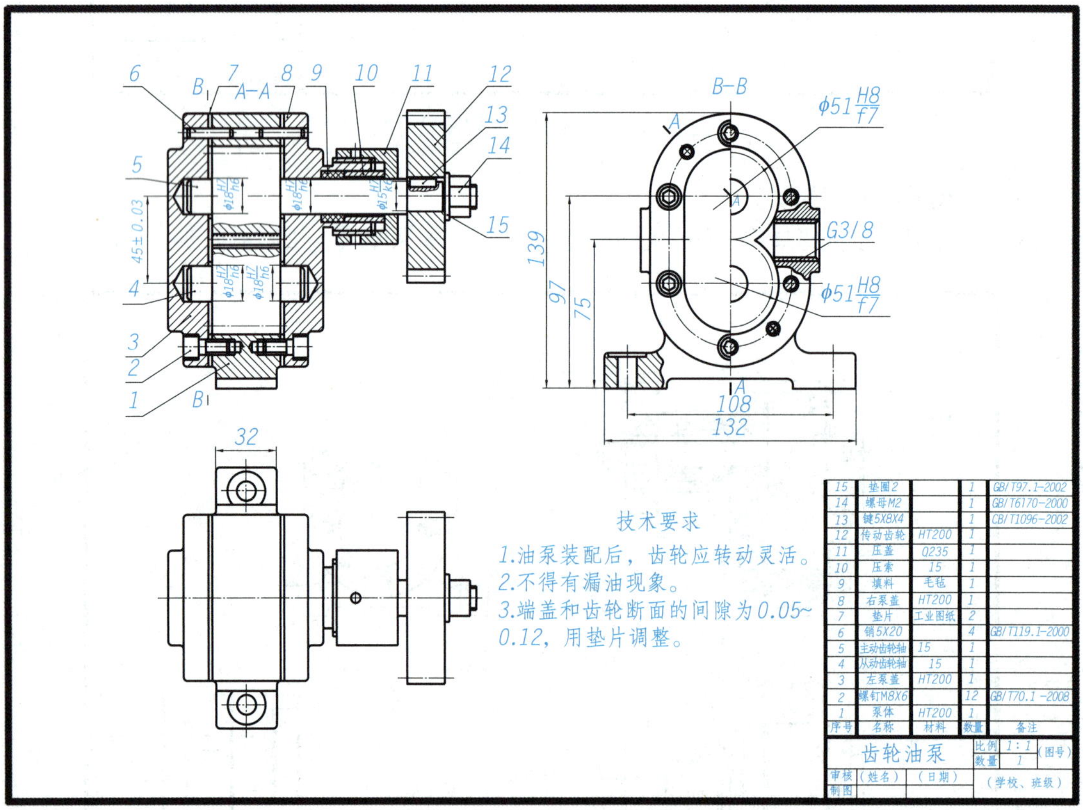

图 3－51　齿轮油泵装配图

六　绘制零件工作图

齿轮油泵零件工作图如图 3－52 至图 3－61 所示。

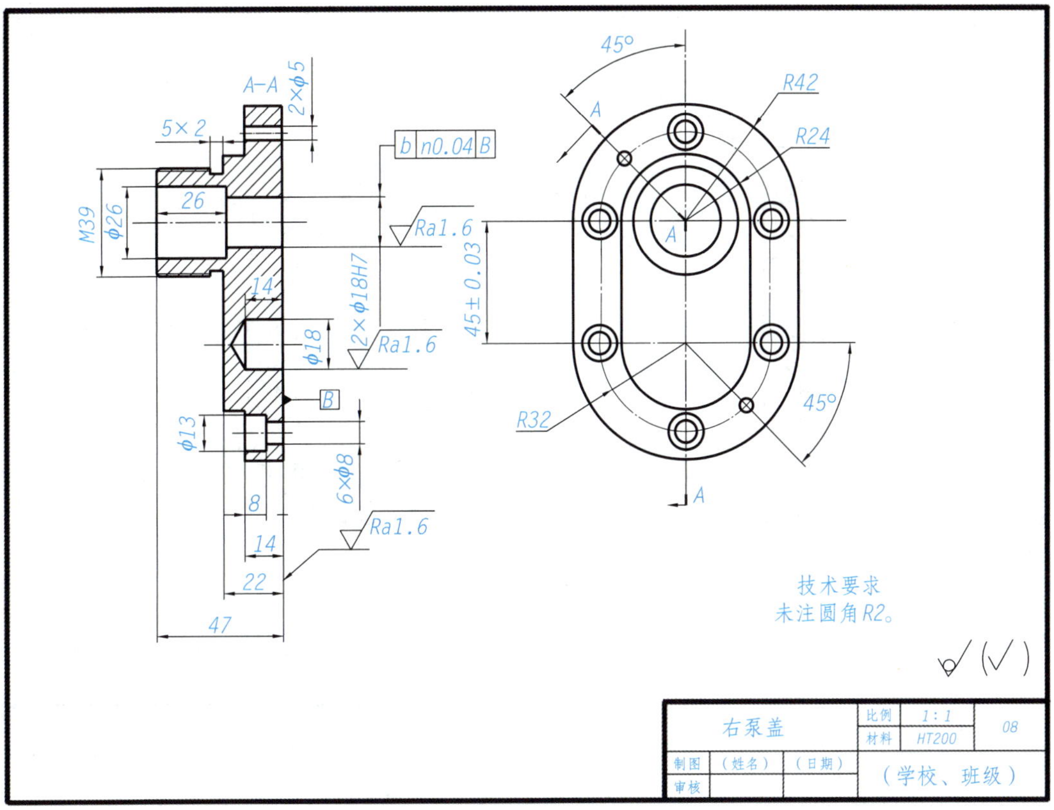

图 3-52　右泵盖零件工作图

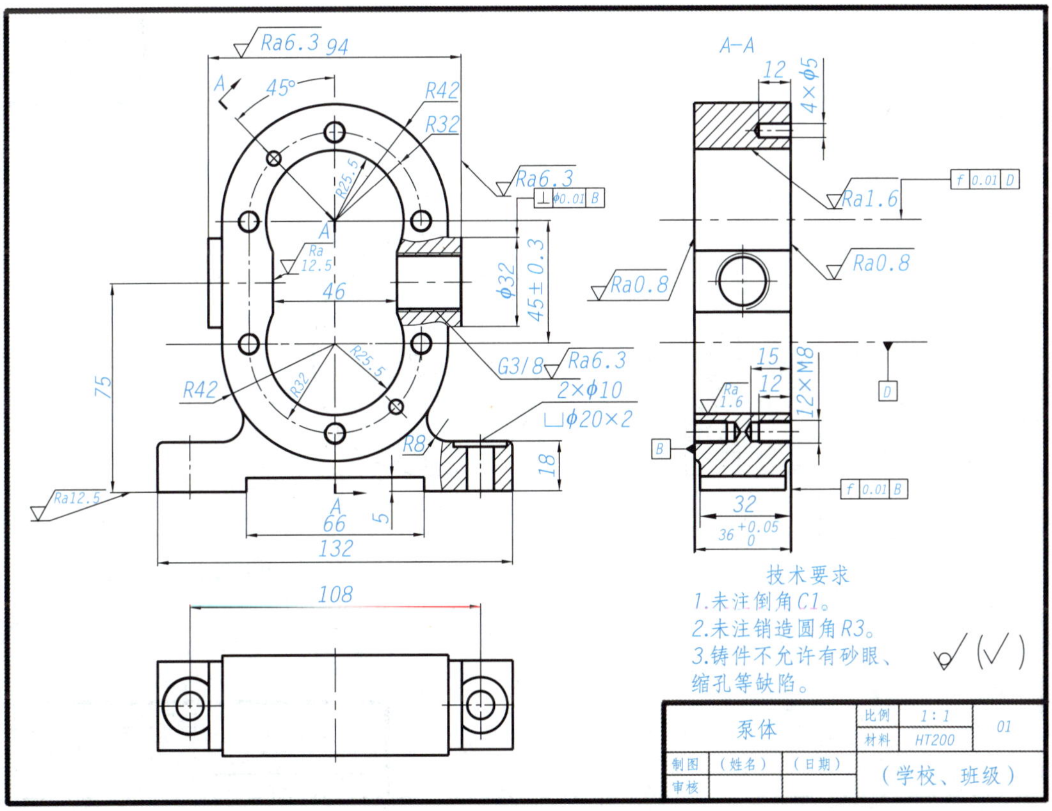

图 3-53　泵体零件工作图

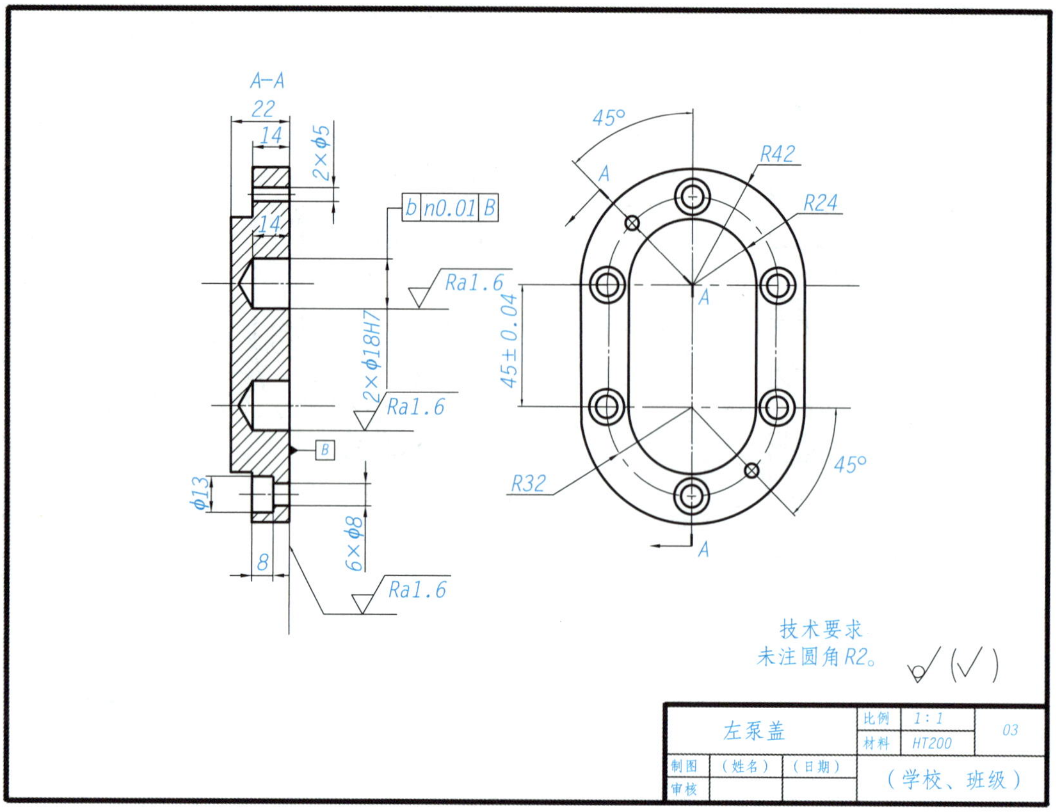

图 3－54　左泵盖零件工作图

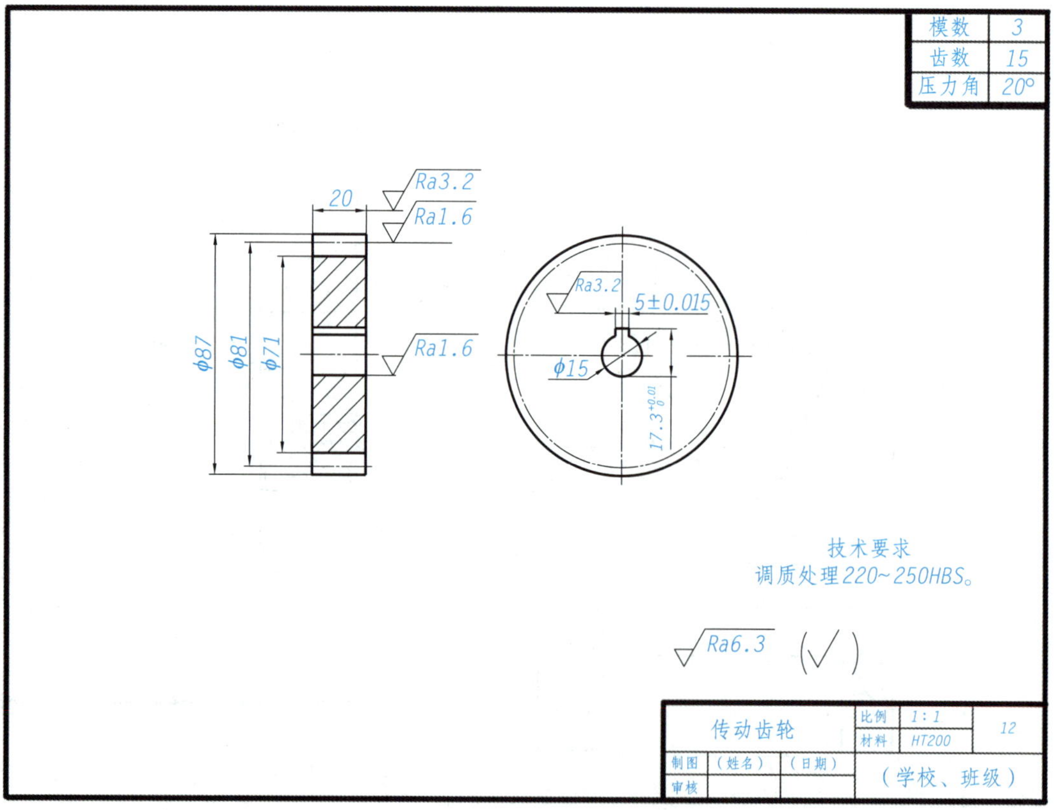

图 3－55　传动齿轮零件工作图

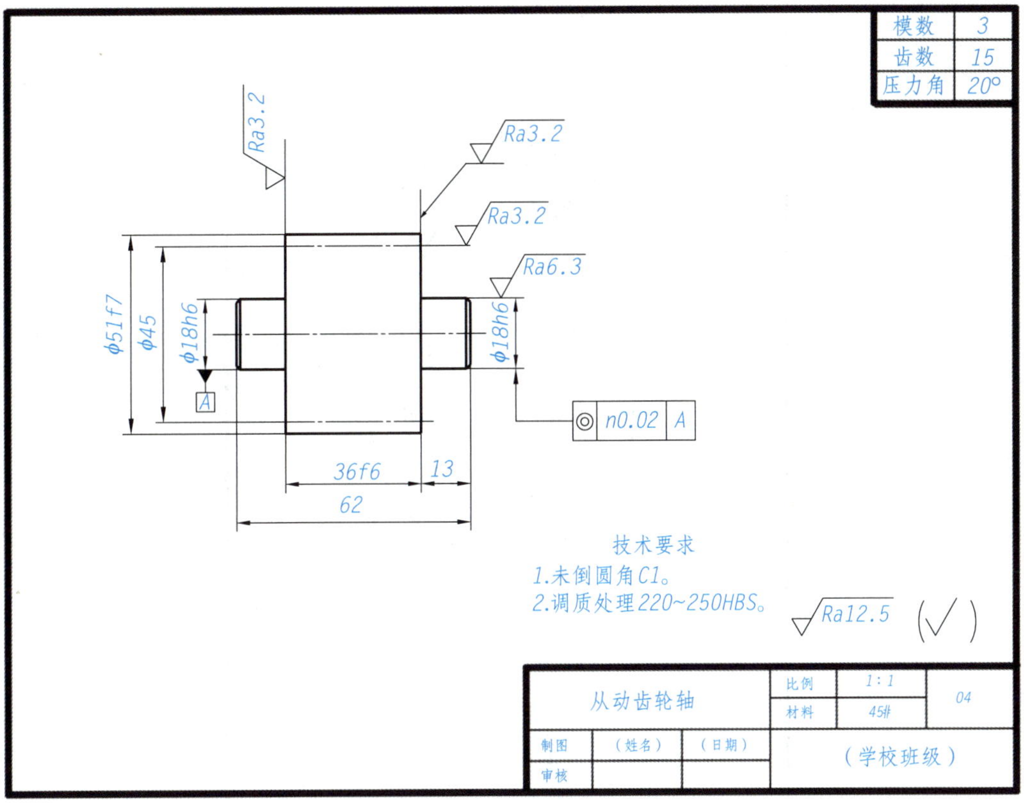

图 3-56　从动齿轮轴零件工作图

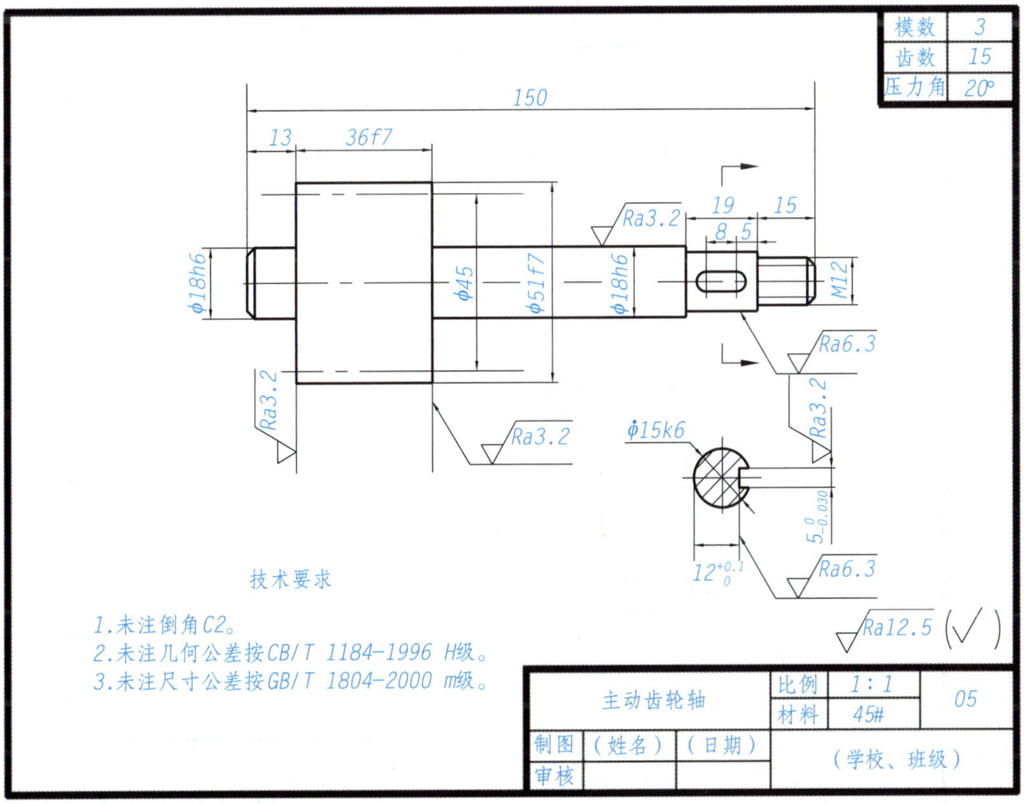

图 3-57　主动齿轮轴零件工作图

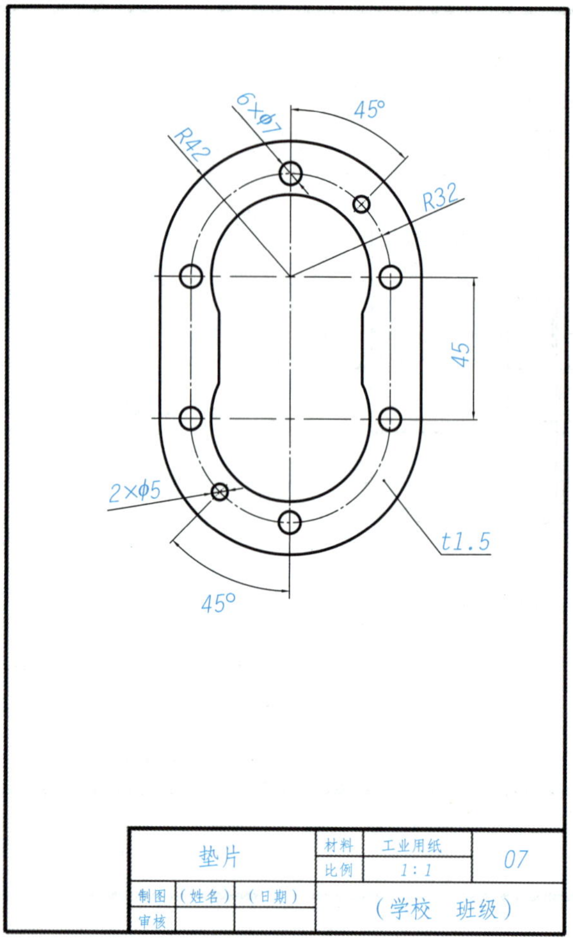

图 3－58　垫片零件工作图

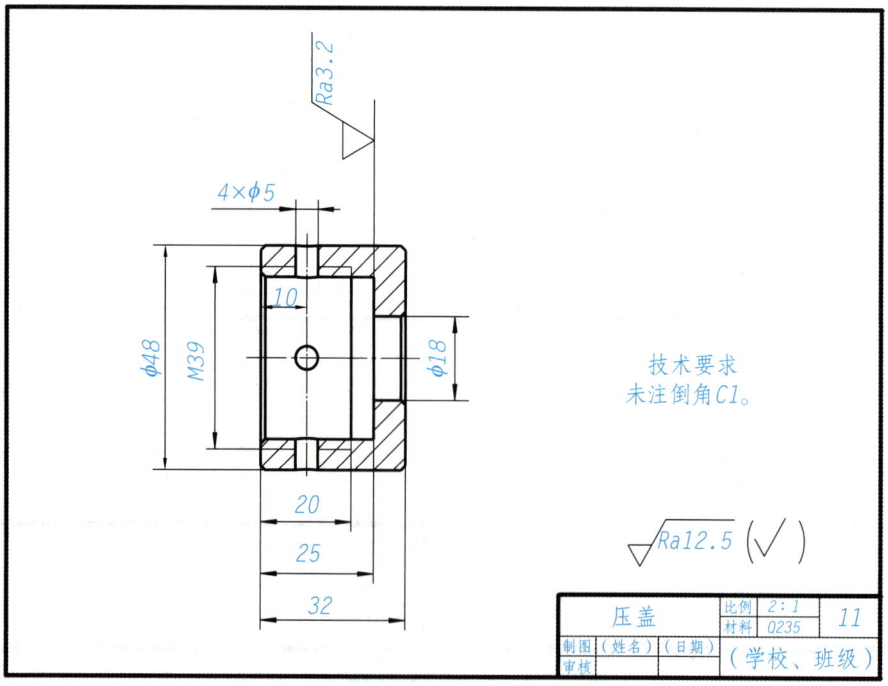

图 3－59　压盖零件工作图

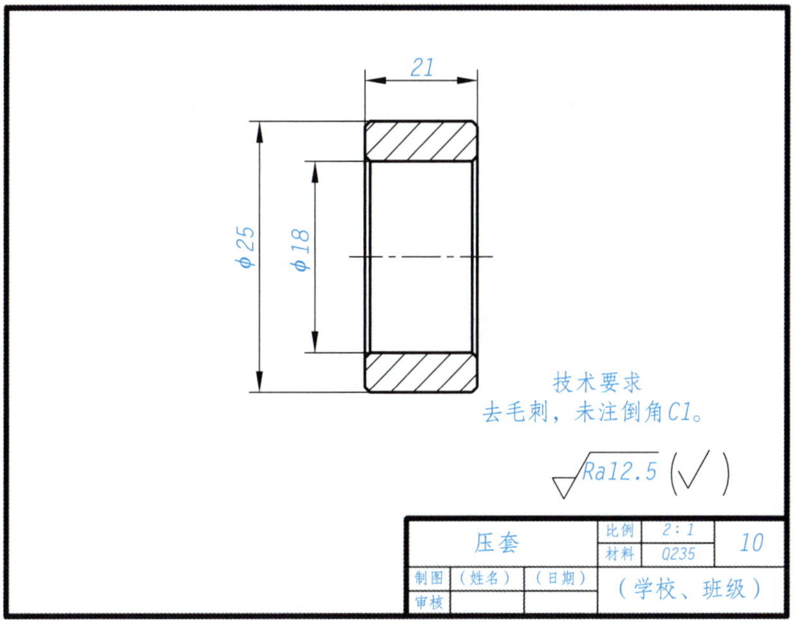

图 3-60 压套零件工作图

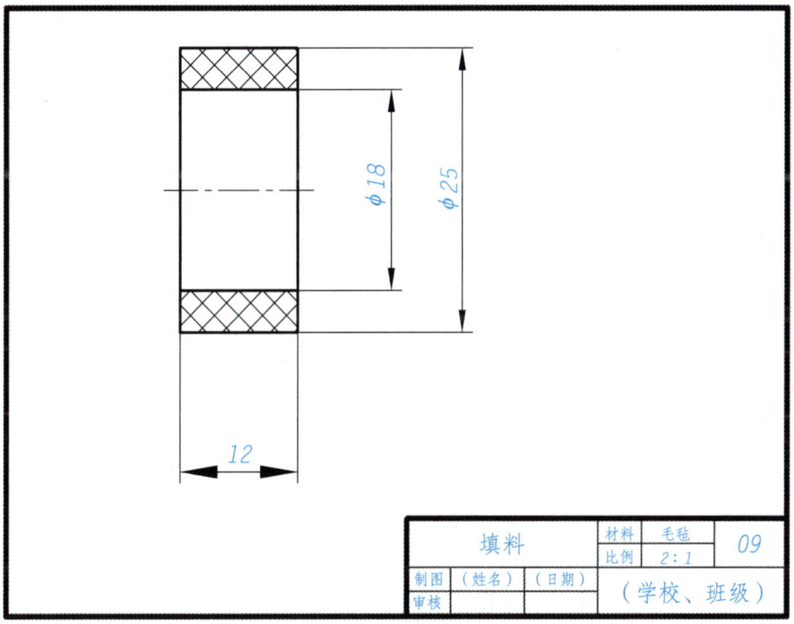

图 3-61 填料零件工作图

项目四 全国职业院校技能大赛数字化设计与制造竞赛解析

项目导读

技能人才是支撑中国制造、中国创造的重要力量。全国职业院校技能大赛是教育部发起并牵头，联合国务院其他有关部门以及有关行业组织、人民团体、学术团体和地方共同举办的一项公益性、全国性职业院校师生综合技能竞赛活动。

项目目标

学习目标

- 了解数字化设计与制造赛项内容。
- 灵活、合理地运用测绘技能、机械制图相关知识解决实际问题。

素养目标

- 青年一代要勤学苦练、精益求精、追求卓越，立志走技能成才、技能报国之路，努力成为大国工匠，展现新时代技能人才的风采。

任务引入

全国职业院校技能大赛每年举办一届，专业覆盖面广、参赛选手多、社会影响大，数字化设计与制造竞赛是全国职业院校技能大赛的一个重要赛项。本项目将帮助学生充分把握赛项的目的、内容、评分标准，进一步提升学生的机构传动分析能力、零部件测绘能力、制图能力，提高专业技能。

任务一 竞赛简介

知识图谱

竞赛名称 → 竞赛目的 → 竞赛内容 → 竞赛流程和成绩产生流程

竞赛名称
- 数字化设计与制造

竞赛目的
- 产教融合
- 以赛促教
- 看齐世界技能标准
- 弘扬大国工匠精神

竞赛内容
- 逆向建模与实物测量
- 创新设计与CAE分析
- 工程图绘制与产品展示
- 协同设计与质量控制
- 数控编程与仿真加工
- 数控加工与产品验证

竞赛流程和成绩产生流程
- 竞赛流程
- 成绩产生流程

知识链接

一 竞赛名称

数字化设计与制造（英文名称：Digital Design and Manufacturing），竞赛组别：高职组。

二 竞赛目的

1. 产教融合，加快制造强国建设

本赛项紧随制造业“智改数转”步伐，引入新知识、新技术、新工艺、新标准，以解决数字化生产的实际问题为导向，通过考察高职学生数字化设计与制造相关专业知识，数字化建模、创新设计、产品虚拟装配、协同设计与质量管理、数控装备编程操作等能力，以及团队协作、质量成本意识和职业道德规范等素养，全面提升高职学生服务建设制造强国、数字中国国家战略的能力，为推动经济社会绿色化、低碳化发展，构建新发展格局做出贡献。

2. 以赛促教，提高教育教学质量

本赛项对接行业企业数字化设计与制造岗位实际工作过程，融入相关职业技能等级证书要求，“以赛促学、以赛促教”，培养学生数字化设计与制造实践能力和创新精神；深化“三教”改革，促进成果资源转化，提升“双师型”师资队伍建设水平，推动人才培养模式与课程体系改革，推动相关专业“岗课赛证”融通发展，促进校企合作。

3. 对标立杆，看齐世界技能标准

本赛项瞄准世界数字化设计与制造技术发展前沿，对接国际标准，借鉴世界技能大赛办赛机制，引导高职院校培养国家急需、国际水准、具有爱国情怀以及具备精湛实践能力、创新能力的高质量、复合型技术技能人才。

4. 营造氛围，弘扬大国工匠精神

本赛项通过搭建公平公正、切磋技艺、展示技能的平台，表彰获奖选手，宣传技能人才的重要贡献和作用，引导全社会尊重、重视、关心技能人才的培养和成长，在全社会营造“人人出彩，技能强国”的时代风尚。

三　竞赛内容

本项比赛共 2 个模块，“模块一”为数字化设计，分为逆向建模与实物测量、创新设计与 CAE 分析、工程图绘制与产品展示 3 个竞赛任务；“模块二”为数字化制造，主要完成协同设计与质量控制、数控编程与仿真加工、数控加工与产品验证 3 个竞赛任务。本赛项的两个模块的各阶段所有电子图档均通过 PLM 系统提交，考核选手对信息化技术的应用能力。竞赛模块及内容见表 4-1。

表 4-1　竞赛模块及内容

模块号	模块名称	竞赛内容	分值
模块一	任务 1：逆向建模与实物测量	根据给定的 STL 文件，使用三维建模软件进行逆向建模，对给定产品的实物关键部位进行手工测量，获取产品重要尺寸信息。利用逆向建模和测绘建模的数据，对所有模型进行虚拟装配	10
	任务 2：创新设计与 CAE 分析	对产品进行结构和功能创新设计与优化，对创新优化后的模型进行 CAE 有限元力学分析，将优化后的三维零件重新虚拟装配，完成运动仿真并对产品创新设计进行验证	30
	任务 3：工程图绘制与产品展示	根据数字化创新设计的最终模型生成零件图和装配图，并输出爆炸图。编写设计方案说明书，突出创新设计和产品特点	20
模块二	任务 4：协同设计与质量控制	依托模块一成果文件进行产品 BOM 设计、图档管理并审批流程，输出图档（含产品样机）和 BOM 清单。依据数字化产线制造质量控制要求，开展 SPC（统计过程控制）分析，形成质量控制分析报告	10
	任务 5：数控编程与仿真加工	根据给定的刀具、毛坯等加工条件，编制指定零件的 CAPP 设计加工工艺过程和工序卡；利用 CAM 编程软件编制数控加工程序并进行机床仿真验证	15
	任务 6：数控加工与产品验证	使用数控设备和相关的工装夹具，根据工艺要求对给定的毛坯进行数控加工，将加工的零件与给定的零件进行实物装配，验证产品的功能和创新设计效果	15
职业素养	现场 5S	文明生产，规范操作，绿色环保	2（倒扣分）
总分			100 分

四　竞赛流程和成绩产生流程

竞赛流程如图 4-1 所示，成绩产生流程如图 4-2 所示。

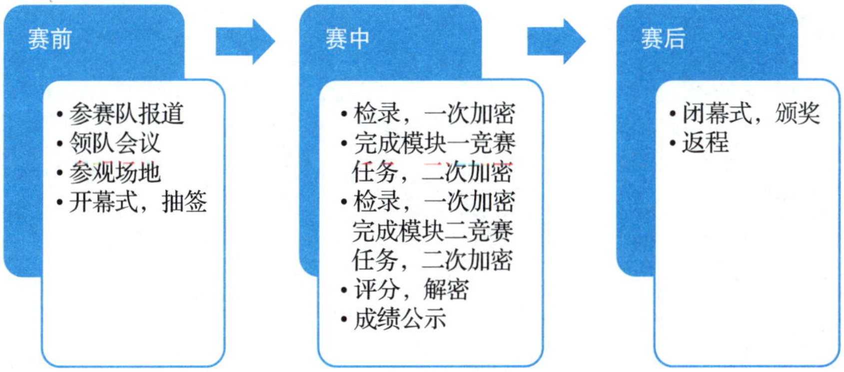

图 4-1　竞赛流程

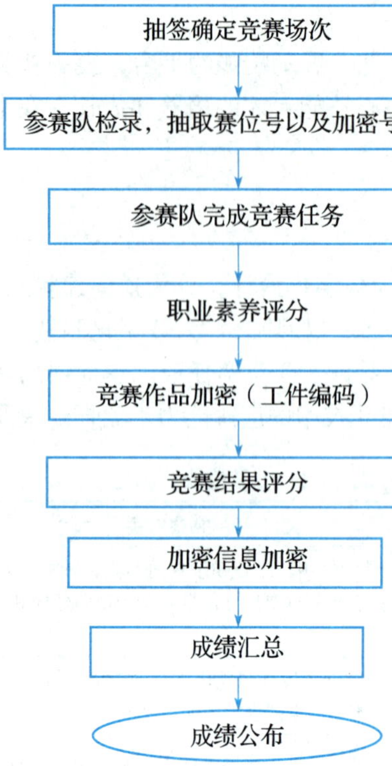
抽签确定竞赛场次
参赛队检录，抽取赛位号以及加密号信封
参赛队完成竞赛任务
职业素养评分
竞赛作品加密（工件编码）
竞赛结果评分
加密信息加密
成绩汇总
成绩公布

图 4－2　成绩产生流程

任务二 竞赛样题及评分标准

知识图谱

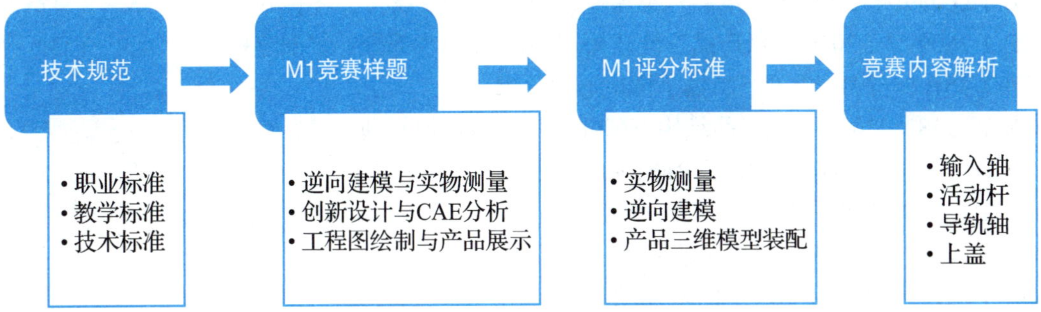

知识链接

分析样题有助于学生精准把握竞赛的主旨、内容、技术技能点，学生也可以通过职业院校技能大赛官网下载各届比赛的样题及真题，通过不断练习，提高测绘、制图、机械设计、加工工艺、软件操作的能力。下面以 2023 年全国职业院校技能大赛“数字化设计与制造”赛项的样题为例进行介绍。

一 技术规范

本赛项依据国家职业技能标准等，结合生产实际，考核职业综合能力，并对技能人才培养起到示范指导作用，赛项涉及的相关标准如下：

1. 职业标准

- 机械工程制图职业技能等级标准
- 机械数字化设计与制造职业技能等级标准
- 机器产品三维模型设计职业技能等级标准
- 精密数控加工职业技能等级标准
- 数控车铣加工职业技能等级标准
- 智能线运行与维护职业技能等级标准
- 智能制造生产管理与控制职业技能等级标准
- 数控设备维护与维修职业技能等级标准
- 增材制造模型设计职业技能等级标准
- 增材制造设备操作与维护职业技能等级标准

2. 教学标准

- 高等职业教育 工业设计专业教学标准
- 高等职业教育 数字化设计与制造专业教学标准

- 高等职业教育 机械设计与制造专业教学标准
- 高等职业教育 模具设计与制造专业教学标准
- 高等职业教育 机械制造与自动化专业教学标准
- 高等职业教育 内燃机制造与应用技术专业教学标准
- 高等职业教育 机械装备制造技术专业教学标准
- 高等职业教育 数控技术专业教学标准
- 高等职业教育 机电一体化技术专业教学标准
- 高等职业教育 工业工程技术专业教学标准

3. 技术标准

- GB/T 26099.1—2010 机械产品三维建模通用规则 第 1 部分：通用要求
- GB/T 26099.2—2010 机械产品三维建模通用规则 第 2 部分：零件建模
- GB/T 26099.3—2010 机械产品三维建模通用规则 第 3 部分：装配建模
- GB/T 26100—2010 机械产品数字样机通用要求
- GB/T 33582—2017 机械产品结构有限元力学分析通用规则
- GB 18568—2001 加工中心 安全防护技术条件
- GB/T 15236—2008 职业安全卫生术语
- GB/T 1008—2008 机械加工工艺装备基本术语
- GB/T 6477—2008 金属切削机床 术语
- GB/T 4863—2008 机械制造工艺基本术语
- GB/T 12204—2010 金属切削 基本术语
- GB/T 18726—2011 现代设计工程集成技术的软件接口规范
- GB/T 30174—2013 机械安全 术语
- GB/T 35076—2018 机械安全 生产设备安全通则
- GB/T 39247—2020 增材制造 金属制件热处理工艺规范
- GB/T 39328—2020 增材制造 塑料材料挤出成形工艺规范
- GB/T 39329—2020 增材制造 测试方法 标准测试件精度检验
- GB/T 39331—2020 增材制造 数据处理通则

二 模块一 产品数字化设计竞赛样题

1. 模块一竞赛工作流程

模块一竞赛工作流程如图 4－3 所示。

图 4－3 模块一竞赛工作流程

2. 竞赛任务 1：逆向建模与实物测量

情境描述：请你分别以测绘员、三维造型师的角色，完成以下 3 项子任务。

子任务 1：利用赛场给定软件，对产品中的导轨轴、上盖这两个零件的 STL 格式数据进行逆向建模，并对照实物结合手工测量数据还原零件重要部位的尺寸精度和几何公差。

子任务 2：对产品的实物关键部位进行测量，获取产品重要尺寸信息。利用通用测量工具，手工测量产品中的输入轴、活动杆零件，绘制三维模型，根据使用功能确定产品零件重要部位的尺寸精度和几何公差。

子任务 3：利用逆向建模和测绘建模的数据模型以及现场提供的 stp 模型，调用标准件并结合简图（附件一）对所有零件模型进行虚拟装配。

设计要求：（1）合理还原产品数字模型，对尺寸进行圆整处理，特征拆分合理，转角衔接圆润。（2）实物的表面特征不得改变，数字模型比例（1∶1）不得改变。（3）部分零件装配需要根据装配关系进行完善，并添加必要的固定或连接零件。（4）标准件需要通过测量确定型号，并在软件标准件模型库中调用。

测绘零件示意图如图 4－4 所示。

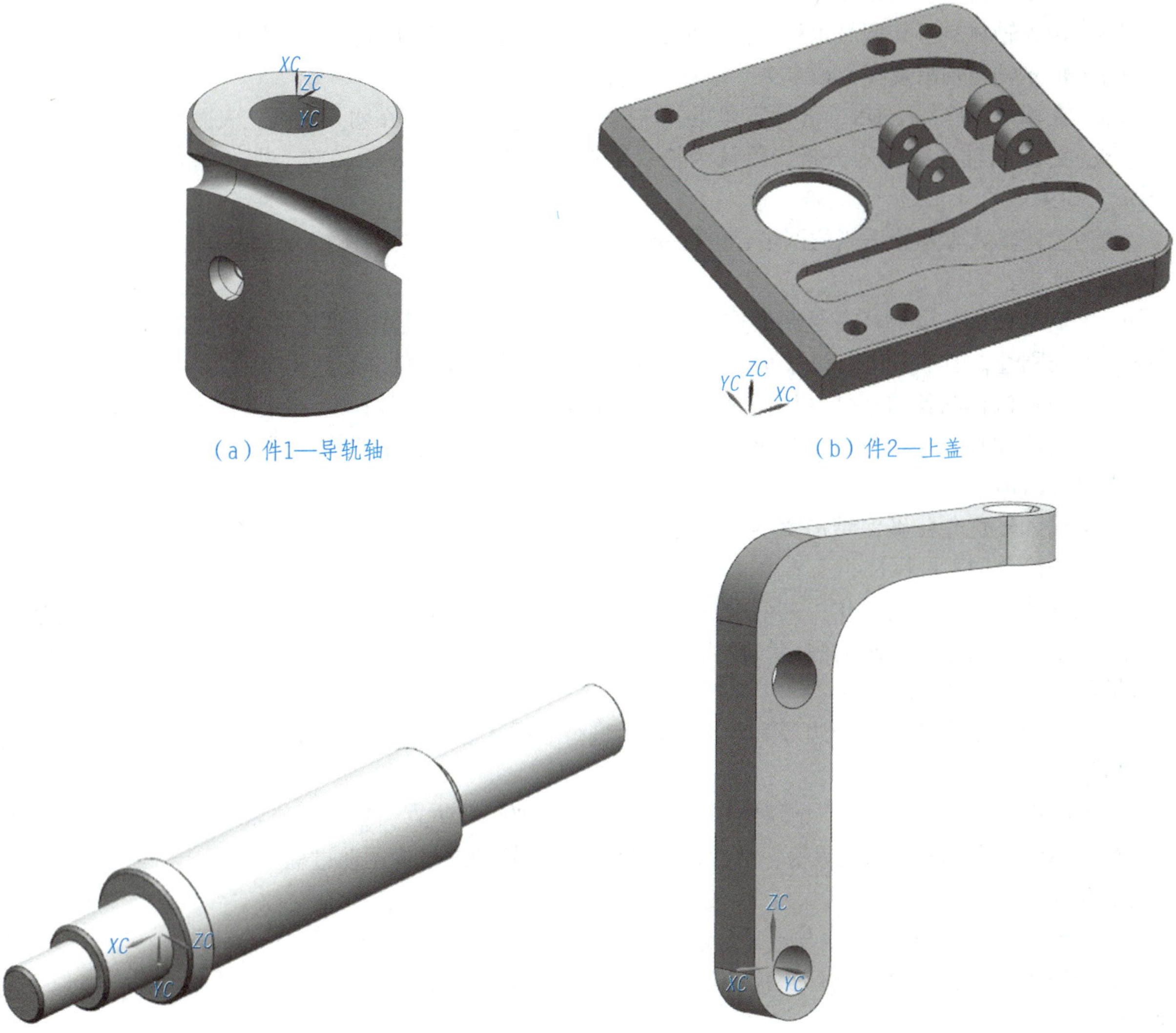

（a）件1—导轨轴　　（b）件2—上盖

（c）件3—输入轴　　（d）件4—活动杆

图 4－4　测绘零件示意图

3. 竞赛任务 2：创新设计与 CAE 分析

情境描述：请你以机械设计工程人员的角色，根据竞赛任务 1 生成的三维模型、设计资料，结合机械设计相关知识完成以下 4 项子任务：

子任务 1：从夹紧钻孔工件以及使用方便的角度对活动杆进行结构优化，并增加相应的锁紧机构零件，从而创建由3个零件（活动杆、新增锁紧机构零件、连杆）组成的夹紧机构。生成优化后的活动杆、新增锁紧机构零件的三维模型。

特别提示：优化后的活动杆总体尺寸不得超过36mm×30mm×6.5mm；新增零件总体尺寸不得超过40mm×16mm×6.5mm，连杆不做变动。

子任务2：从结构合理、装配必需的角度对输入轴进行结构优化，并生成优化后的输入轴。

子任务3：通过分析钻孔机机构整体装配要求，对相关零部件进行结构改进及优化，也可酌情增加零件，确保钻孔机各零件装配后可以更好地满足设计要求。

子任务4：对创新优化后的输入轴进行有限元力学分析，然后将优化后的三维零件重新进行虚拟装配，完成运动仿真并对产品创新设计进行验证。

请按照以下要求，对创新优化后的输入轴进行有限元力学分析。

（1）输入轴材料：某型号铝材，密度为2 700kg/m^3，泊松比为0.27，弹性模量为8E+10N/m^2。

（2）输入轴与轴承装配面设定为“滚轴 / 滑块”约束。

（3）在输入端施加150N·m恒定扭矩，该扭矩可认为均匀施加在输入端圆柱表面。

（4）对输入轴进行静力分析，可认为输入轴在扭矩作用下未发生扭转，即在输入轴两端施加了“固定”约束。

请为上述输入轴划分适当的网格，进行受力分析，生成带有应力云图的pdf格式分析报告。

设计要求：

（1）活动杆优化设计：一是调整连接孔的定位，便于与锁紧机构零件连接；二是改变活动杆受力情况，增强刚性；三是美化活动杆外观，与锁紧机构零件和连杆零件一起达到工业产品造型标准。

（2）锁紧机构的新增零件设计：一是将其设计成手工扳动式零件；二是新设计的手工扳动式零件与优化后的活动杆及连杆组成锁紧机构；三是上拉新增零件时，锁紧机构松开；下压新增零件时，利用死点对工件锁紧。

（3）输入轴优化：确保结构紧凑、美观、合理，长度和直径满足传动件装配要求，便于外部动力传入，同时符合加工可行性、工艺性、经济性要求。

（4）钻孔机整体装配优化：一是增加槽轮的定位，优化主动拨盘的结构，避免槽轮与主动拨盘干涉；二是增加齿轮轴向、圆周固定，使齿轮可以正常传动；三是增加导轨轴的固定螺钉，使导轨轴与输入轴能正常运转。

（5）对输入轴设置合理的边界和约束条件，进行有限元受力分析，生成带有位移云图的pdf格式的分析报告。

（6）根据该钻孔机的工作原理对整个装配体进行虚拟运动仿真，展示工作状态下的钻孔机内部机构的相对运动情况（圆柱凸轮运动、锥齿轮正确啮合、槽轮分度机构运动过程），然后导出产品360°旋转展示动画，时长10～15秒。

4. 竞赛任务3：工程图绘制与产品展示

情境描述：请你以机械设计工程人员的角色，根据竞赛任务2生成的产品三维模型，完成以下2项子任务。

子任务1：生成产品爆炸图（彩图）；绘制优化后的产品装配工程图；绘制活动杆（优化）、支撑座、导轨轴的二维工程图。

子任务2：采用图文结合的方式编制包含创新设计、运动仿真、有限元受力分析、合理优化设计等内容的创新设计报告，展示优化及创新后的产品功能和特点。

设计要求：

（1）零件图与装配图应符合机械制图国家标准的规定。确保结构表达完整，图形清晰，方便阅读；

每张零件图包含尺寸精度、几何公差和表面粗糙度等要素；标注规范、正确，排列整齐；零件名称与下文“附件一：装配简图”一致。

（2）创新设计报告包含创新件的设计思路、工作原理、含应力云图的结果分析等要素。具体要求见附件三。

三　模块一　评分标准

模块一评分标准见表 4－2。

表 4－2　模块一评分标准

<table>
<tr><th>序号</th><th>配分</th><th>一级指标</th><th>二级指标</th><th colspan="2">评分内容</th><th>评分描述</th><th colspan="2">评分性质</th></tr>
<tr><td>1</td><td>1</td><td rowspan="12">任务 1：逆向建模与实物测量（10 分）</td><td rowspan="6">实物测量（3 分）</td><td rowspan="3">活动杆（1.5 分）</td><td>活动杆外形尺寸正确（1 分）</td><td>活动杆尺寸：24mm × 29mm × 4mm，两件测量尺寸均正确得 1 分，错 1 个扣 0.5 分，扣完为止</td><td>YES</td><td>NO</td></tr>
<tr><td>2</td><td>0.25</td><td>活动杆的 3 个孔的直径正确（0.25 分）</td><td>参考值：$\phi 3$，$\phi 3$，$\phi 2.5$；错 1 个扣 0.1 分，错 3 个不得分</td><td>YES</td><td>NO</td></tr>
<tr><td>3</td><td>0.25</td><td>活动杆 2 个 $\phi 3$ 孔的定位正确（0.25 分）</td><td>参考尺寸：17.5mm，错误不得分</td><td>YES</td><td>NO</td></tr>
<tr><td>4</td><td>0.25</td><td rowspan="3">输入轴（1.5 分）</td><td>输入轴外形尺寸正确（0.25 分）</td><td>输入轴：轴总长 109.5mm</td><td>YES</td><td>NO</td></tr>
<tr><td>5</td><td>1</td><td>输入轴的各段直径正确（1 分）</td><td>参考值：$\phi 10$，$\phi 12$，$\phi 16$，$\phi 19$，$\phi 12$，$\phi 10$，错 1 个扣 0.2 分，错 4 个不得分</td><td>YES</td><td>NO</td></tr>
<tr><td>6</td><td>0.25</td><td>输入轴的安装导轨轴段长度正确（0.25 分）</td><td>参考值：48mm，错误不得分</td><td>YES</td><td>NO</td></tr>
<tr><td>7</td><td>1</td><td rowspan="5">逆向建模（5.5 分）</td><td colspan="2">数据定位合理性（对齐）（1 分）</td><td>导轨轴的轴线与坐标轴重合（0.5 分）；上盖底面与基准面重合（0.5 分）</td><td>YES</td><td>NO</td></tr>
<tr><td>8</td><td>1</td><td colspan="2">主体模型特征完成度（1 分）</td><td>导轨轴导轨完整；上盖各特征要素（锁紧机构固定座、槽轮孔、螺栓孔、凹进圆弧连接）完整。特征缺失 1 个扣 0.2 分，扣完为止</td><td>YES</td><td>NO</td></tr>
<tr><td>9</td><td>2</td><td colspan="2">关键尺寸正确（2 分）</td><td>导轨轴中心孔 $\phi 16$，上盖槽轮安装中心孔位置尺寸 28mm，螺钉孔定位尺寸 54mm × 66mm，每错 1 个尺寸扣 0.5 分，扣完为止</td><td>YES</td><td>NO</td></tr>
<tr><td>10</td><td>1</td><td colspan="2">关键特征精度（1 分）</td><td>上盖凸起安装部位中心孔高度 4mm 及位置精度 18mm，错 1 个扣 0.5 分，扣完为止</td><td>YES</td><td>NO</td></tr>
<tr><td>11</td><td>0.5</td><td colspan="2">圆角、倒角过渡特征完整（0.5 分）</td><td>无圆角、倒角，每处扣 0.1 分，扣完为止</td><td>YES</td><td>NO</td></tr>
<tr><td>12</td><td>1.5</td><td>产品三维模型装配（1.5 分）</td><td colspan="2">模型装配完整，无零件缺失（1.5 分）</td><td>缺失 1 个零件扣 0.3 分，缺失 3 个或 3 个以上零件不得分</td><td>YES</td><td>NO</td></tr>
<tr><td>小计</td><td>10</td><td></td><td></td><td colspan="2"></td><td></td><td></td><td></td></tr>
</table>

四 竞赛内容解析

模块一共有 3 个竞赛任务，实物测量、逆向建模和产品三维模型装配。在竞赛任务 1 中，要测绘的两个零件是输入轴和活动杆。要求对实物关键部位进行测量以获取产品重要尺寸信息；使用通用测量工具，手工测量输入轴、活动杆零件，绘制三维模型；根据使用功能确定产品零件重要部位的尺寸精度、几何公差和表面粗糙度等。

在竞赛任务 2 中，除了要使用软件对导轨轴、上盖零件进行逆向建模，还要对照实物并结合手工测量数据还原零件重要部位的尺寸精度和几何公差。下面对零件测绘技能进行解析。

1. 输入轴

输入轴属于轴类零件，中间分布各轴段，如图 4－5 所示。测绘时，先确定尺寸测量基准，再测量轴向尺寸与径向尺寸，注意对尺寸进行圆整。

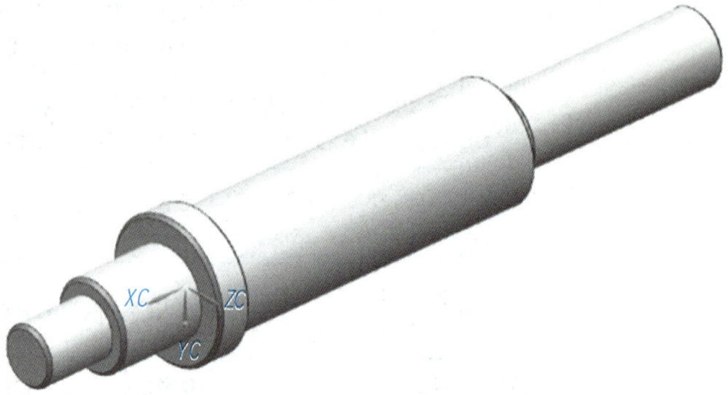

图 4－5　输入轴

根据此轴与其他零件的配合关系确定合理的尺寸精度和几何公差。

根据竞赛任务 2 创新设计与 CAE 分析的要求，对输入轴进行结构优化。

由于轴上将安装齿轮、导轨轴等传动零件，因此还需合理设计轴上的标准结构，如螺纹、键槽、定位轴肩。另外，因为要对该轴进行有限元受力分析，所以要合理设计过渡圆角和倒角。

2. 活动杆

活动杆属于叉架类零件，如图 4－6 所示，由于此活动杆各个孔位用于零件安装，因此测绘时要保证孔的定位尺寸。可参考本教材项目二任务三叉架类零件测绘的内容进行练习。

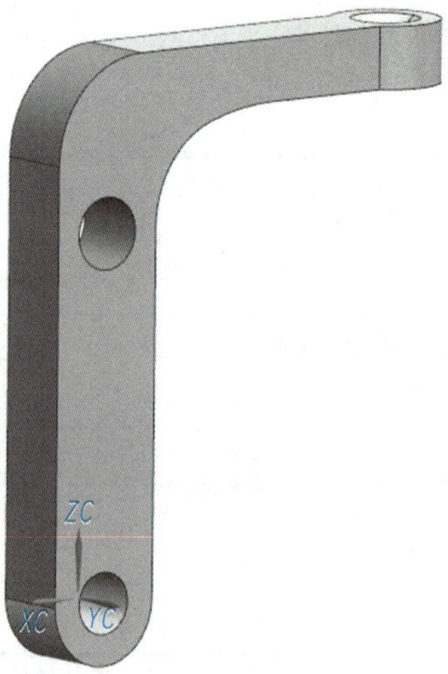

图 4－6　活动杆

根据竞赛任务 2 创新设计与 CAE 分析的要求，对活动杆进行结构优化。

优化过程中，可设计新的夹紧机构，增加新零件，同时注意调整连接孔的定位，确保活动杆与其他零件的配合尺寸；可适当增加局部厚度或设置圆角来增强刚度；可加工一些曲面造型来提升美观度。

3. 导轨轴

导轨轴是一个圆柱上开有孔，并有曲面凹槽的零件，如图 4－7 所示。根据要求先使用给定软件对导轨轴进行逆向建模，再对照实物并结合手工测量数据还原零件重要部位的尺寸精度和几何公差。实物测量时，可参考拓印法或坐标法测绘曲面凹槽，还要注意孔位尺寸的测量准确度，以确保安装顺利。

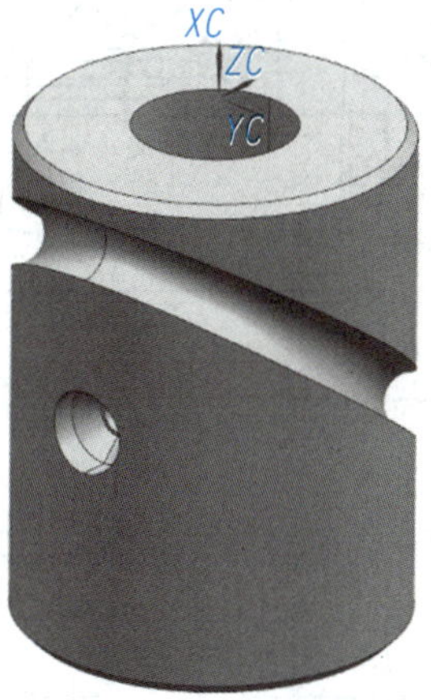

图 4－7　导轨轴

4. 上盖

上盖属于箱体类零件，整体呈方形，其上有多个圆孔及安装孔，并开有对称的曲面造型（如图 4－8），以实现减重、收集废料等功能。根据要求进行逆向建模，在实物测绘时可重点保障孔位尺寸，以确保可安装性。可参考本教材项目二任务四箱体类零件测绘的内容进行练习。

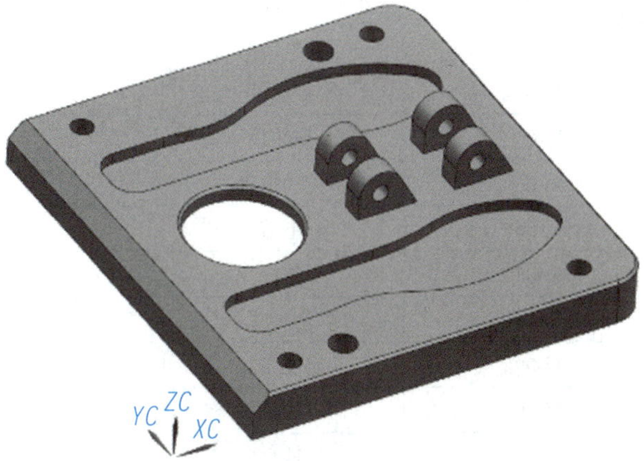

图 4－8　上盖

在模块一的竞赛任务中，实物测绘技能发挥着重要的作用，测绘的准确性和完整性将影响实物的装配效果、工程图的合理性和整体样机的质量。可以说，只有将测绘任务做好，才有可能在数控加工与产品验证阶段取得好成绩。

因此，同学们要认真学习本教材讲解的测绘技能，不断练习，同时关注技能大赛要求，通过学赛结合的方式掌握先进的知识和技能，早日成为具备精湛的实践能力和创新能力的复合型技术技能人才。

五 模块二 产品数字化制造竞赛样题

竞赛任务书、内容解析、评分标准（略）。

1. 装配简图

装配简图如图 4－9 所示，非标准件见表 4－3，标准件见表 4－4。

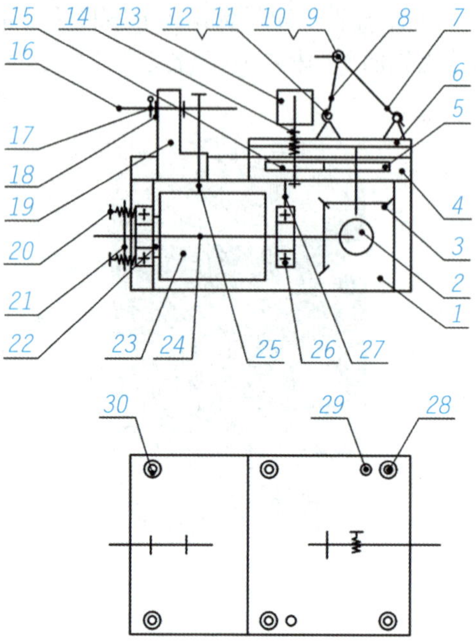

图 4－9 装配简图

表 4－3 非标准件

序号	代号	名称	数量	材料
1	zkj-01	箱体	1	6062AL
2	zkj-02	塑料挡圈	1	塑料
3	zkj-03	锥齿轮	2	45
4	zkj-04	安装板	1	6062AL
5	zkj-05	主动拨盘	1	6062AL
6	zkj-06	上盖	1	6062AL
7	zkj-07	连杆	1	6062AL
8	zkj-08	活动杆	1	6062AL
13	zkj-09	定位夹具	1	6062AL
15	zkj-10	槽轮	1	6062AL
16	zkj-11	螺钉	1	6062AL
17	zkj-12	螺帽	2	6062AL
19	zkj-13	支撑座	1	6062AL
21	zkj-14	端盖	1	6062AL
22	zkj-15	轴套	1	45
23	zkj-16	导轨轴	1	6062AL
24	zkj-17	输入轴	1	6062AL
27	zkj-18	支架	1	6062AL

任务二

表 4-4 标准件

序号	代号	名称	数量	材料
9	GB/T 41—2000	六角螺母 M3	2	Q235
10	GB/T 818—2000	十字槽盘头螺钉 M3 × 10	1	Q235
11	GB/T 41—2000	六角螺母 M3	2	Q235
12	GB/T 818—2000	十字槽盘头螺钉 M3 × 16	2	Q235
14	GB/T 819.1—2000	十字槽沉头螺钉 M3	1	Q235
18	GB/T 41—2000	六角螺母 M8	2	Q235
20	GB/T 819.1—2000	十字槽沉头螺钉 M4	4	Q235
25	GB/T 818—2000	十字槽盘头螺钉 M5 × 15	1	Q235
26	GB/T 276—1994	深沟球轴承 60000	1	Q235
28	GB/T 70.1—2000	内六角圆柱头螺钉 M4 × 24.5	4	Q235
29	GB/T 119.1—2000	圆柱销 A 型	2	45
30	GB/T 70.1—2000	内六角圆柱头螺钉 M4 × 16	2	Q235

2. 工程图绘制要求

工程图绘制应符合 ISO 或 GB 机械制图相关技术标准，具有要求如下：

（1）图层设置采用软件默认，线宽及标注样式符合国标。

（2）选择合适的比例、图幅。

（3）正确绘制并合理表达各零件图。

（4）按照正确、完整、清晰、合理的原则标注各零件图的一般尺寸。

（5）根据各零件的特点，合理标注技术要求。

填写项目及说明见表 4-5。

表 4-5 填写项目及说明

序号	项目	填写内容说明			
1	赛题名称	数字化设计与制造赛项 学生赛			
2	日期	年 月 日			
3	材料	根据实物材料填写			
4	图样名称	活动杆（优化）	支撑座	导轨轴	产品装配工程图
5	图样代号	ZKJ-10	ZKJ-13	ZKJ-16	ZKJ-00
6	比例	自定义			

3. 创新设计报告要求

请选手根据赛题要求，采用图文结合的方式编写创新设计报告。要求表述专业、逻辑性强、技术术语规范、排版整齐美观，内容主要包括：

（1）设计任务说明。阐述产品创新背景，包括产品功能、存在缺陷等。

（2）创新设计方案说明。包括创新设计思路及涉及的知识点、关键技术，创新设计流程，创新功能实现情况。

（3）通过对比，展示优化前后的关键创新点。

（4）结合有限元力学分析结果，如有改进需要，请进一步说明改进方案。

（5）如有突破现有加工条件件和创新设计框架、自动化程度更高、操作更为便捷的设计方案，请在创新设计报告内详细阐述。

参考文献

［1］胡建生．机械制图（多学时）［M］．5版．北京：机械工业出版社，2023．

［2］蒋继红，蒋亚南．机械零部件测绘［M］．2版．北京：机械工业出版社，2018．

［3］钱可强．零部件测绘实训指导［M］．3版．北京：高等教育出版社，2017．

［4］张敏，战淑红．机械制图［M］．北京：机械工业出版社，2020．

［5］余挺，黄泽剑．机械零部件测绘项目教程［M］．成都：西南交通大学出版社，2021．

附录

附表 1　1.0 ～ 10.0mm 标准尺寸系列（GB/T 2822—2005）　（单位：mm）

R		R′		R		R′	
R10	R20	R′10	R′20	R10	R20	R′10	R′20
1.00	1.00	1.0	1.0	4.00	4.00	4.0	4.0
	1.12		**1.1**		4.50		4.5
1.25	1.25	**1.2**	**1.2**	5.00	5.00	5.0	5.0
	1.40		1.4		5.60		5.5
1.60	1.60	1.6	1.6	6.30	6.30	**6.0**	**6.0**
	1.80		1.8		7.10		**7.0**
2.00	2.00	2.0	2.0	8.00	8.00	8.0	8.0
	2.24		**2.2**		9.00		9.0
2.50	2.50	2.5	2.5	10.00	10.00	10.0	10.0
	2.80		2.8				
3.15	3.15	**3.0**	**3.0**				
	3.55		**3.5**				

注：R′ 系列中的黑体字，为 R 系列相应各项优先数的化整值。

附表 2　10 ～ 100mm 标准尺寸系列（GB/T 2822—2005）　（单位：mm）

R			R′			R			R′		
R10	R20	R40	R′10	R′20	R′40	R10	R20	R40	R′10	R′20	R′40
10.0	10.0		10	10			35.5	35.5		**36**	**36**
	11.2			**11**				37.5			**38**
12.5	12.5	12.5	**12**	**12**	**12**	40.0	40.0	40.0	40	40	40
		13.2			**13**			42.5			**42**
	14.0	14.0		14	14		45.0	45.0		45	45
		15.0			15			47.5			**48**
16.0	16.0	16.0	16	16	16	50.0	50.0	50.0	50	50	50
		17.0			17			53.0			53
	18.0	18.0		18	18		56.0	56.0		56	56
		19.0			19			60.0			60
20.0	20.0	20.0	20	20	20	63.0	63.0	63.0	63	63	63
		21.2			**21**			67.0			67
	22.4	22.4		22	**22**		71.0	71.0		71	71
		23.6			**24**			75.0			75
25.0	25.0	25.0	25	25	25	80.0	80.0	80.0	80	80	80
		26.5			**26**			85.0			85
	28.0	28.0		28	28		90.0	90.0		90	90
		30.0			30			95.0			95

续表

R			R′			R			R′		
31.5	31.5	31.5	**32**	**32**	**32**	100.0	100.0	100.0	100	100	100
		33.5			**34**						

注：1. 选择标准尺寸系列及单个尺寸时，应首先在优先数 R 系列中选择，并按 R10、R20、R40 的顺序，优先选用公比较大的基本系列及其单值。

2. 如果必须将数值圆整，可在相应的 R′ 系列中选用标准尺寸，其优选顺序为 R′10、R′20、R′40。

3. R′ 系列中的黑体字，为 R 系列相应各项优先数的化整值。

附表 3　孔 A ～ M 的基本偏差数值（基本偏差单位为微米）

公称尺寸 mm		基本偏差数值																		
		下极限偏差，EI												下极限偏差，ES						
大于	至	所有公差等级												IT6	IT7	IT8	≤ IT8	>IT8	≤ IT8	>IT8
		Aa	Ba	C	CD	D	E	EF	F	FG	G	H	JS	J			Kc,d		Mb,c,d	
—	3	+270	+140	+60	+34	+20	+14	+10	+6	+4	+2	0	偏差 = ± ITn/2，式中 n 为标准公差等级数	+2	+4	+6	0	0	−2	−2
3	6	+270	+140	+70	+46	+30	+20	+14	+10	+6	+4	0		+5	+6	+10	−1+Δ		−4+Δ	−4
6	10	+280	+150	+80	+56	+40	+25	+18	+13	+8	+5	0		+5	+8	+12	−1+Δ		−6+Δ	−6
10	14	+290	+150	+95	+70	+50	+32	+23	+16	+10	+6	0		+6	+10	+15	−1+Δ		−7+Δ	−7
14	18																			
18	24	+300	+160	+110	+85	+65	+40	+28	+20	+12	+7	0		+8	+12	+20	−2+Δ		−8+Δ	−8
24	30																			
30	40	+310	+170	+120	+100	+80	+50	+35	+25	+15	+9	0		+10	+14	+24	−2+Δ		−9+Δ	−9
40	50	+320	+180	+130																
50	65	+340	+190	+140		+100	+60		+30		+10	0		+13	+18	+28	−2+Δ		−11+Δ	−11
65	80	+360	+200	+150																
80	100	+380	+220	+170		+120	+72		+36		+12	0		+16	+22	+34	−3+Δ		−13+Δ	−13
100	120	+410	+240	+180																
120	140	+460	+260	+200		+145	+85		+43		+14	0		+18	+26	+41	−3+Δ		−15+Δ	−15
140	160	+520	+280	+210																
160	180	+580	+310	+230																
180	200	+650	+340	+240		+170	+100		+50		+15	0		+22	+30	+47	−4+Δ		−17+Δ	−17
200	225	+740	+380	+260																
225	250	+820	+420	+280																
250	280	+920	+480	+300		+190	+110		+56		+17	0		+25	+36	+55	−4+Δ		−20+Δ	−20
280	315	+1050	+540	+330																
315	355	+1200	+600	+360		+210	+125		+62		+18	0		+29	+39	+60	−4+Δ		−21+Δ	−21
355	400	+1350	+680	+400																
400	450	+1500	+760	+440		+230	+135		+68		+20	0		+33	+43	+66	−5+Δ		−23+Δ	−23
450	500	+1650	+840	+480																

续表

公称尺寸 mm	基本偏差数值	
	下极限偏差，EI	下极限偏差，ES

a 公称尺寸≤ 1mm 时，不适用基本偏差 A 和 B。
b 特例：对于公称尺寸大于 250 ～ 315mm 的公差带代号 M6，ES=-9μm（计算结果不是 -11μm）。
c 为确定 K 和 M 的值，见 GB/T 1800.1—2020 的 4.3.2.5。
d 对于 Δ 值，见 GB/T 1800.1—2020 中孔 N ～ ZC 的基本偏差数值表。

附表 4　孔 N ～ ZC 的基本偏差数值（基本偏差数值和 Δ 值的单位为微米）

公称尺寸 mm		基本偏差数值 上极限偏差，ES																Δ 值 标准公差等级					
大于	至	≤ IT8	>IT8	≤ IT7	>IT7 的标准公差等级																		
		Na,b		P ～ ZCa	P	R	S	T	U	V	X	Y	Z	ZA	ZB	ZC	IT3	IT4	IT5	IT6	IT7	IT8
—	3	-4	-4	在 >IT7 的标准公差等级的基本偏差数值上增加一个 Δ 值	-6	-10	-14		-18		-20		-26	-32	-40	-60	0	0	0	0	0	0
3	6	-8+Δ	0		-12	-15	-19		-23		-28		-35	-42	-50	-80	1	1.5	1	3	4	6
6	10	-10+Δ	0		-15	-19	-23		-28		-34		-42	-52	-67	-97	1	1.5	2	3	6	7
10	14	-12+Δ	0		-18	-23	-28		-33		-40		-50	-64	-90	-130	1	2	3	3	7	9
14	18									-39	-45		-60	-77	-108	-150						
18	24	-15+Δ	0		-22	-28	-35		-41	-47	-54	-63	-73	-98	-136	-188	1.5	2	3	4	8	12
24	30							-41	-48	-55	-64	-75	-88	-118	-160	-218						
30	40	-17+Δ	0		-26	-34	-43	-48	-60	-68	-80	-94	-112	-148	-200	-274	1.5	3	4	5	9	14
40	50							-54	-70	-81	-97	-114	-136	-180	-242	-325						
50	65	-20+Δ	0		-32	-41	-53	-66	-87	-102	-122	-144	-172	-226	-300	-405	2	3	5	6	11	16
65	80					-43	-59	-75	-102	-120	-146	-174	-210	-274	-360	-480						
80	100	-23+Δ	0		-37	-51	-71	-91	-124	-146	-178	-214	-258	-335	-445	-585	2	4	5	7	13	19
100	120					-54	-79	-104	-144	-172	-210	-254	-310	-400	-525	-690						
120	140	-27+Δ	0		-43	-63	-92	-122	-170	-202	-248	-300	-365	-470	-620	-800	3	4	6	7	15	23
140	160					-65	-100	-134	-190	-228	-280	-340	-415	-535	-700	-900						
160	180					-68	-108	-146	-210	-252	-310	-380	-465	-600	-780	-1000						
180	200	-31+Δ	0		-50	-77	-122	-166	-236	-284	-350	-425	-520	-670	-880	-1150	3	4	6	9	17	26
200	225					-80	-130	-180	-258	-310	-385	-470	-575	-740	-960	-1250						
225	250					-84	-140	-195	-284	-340	-425	-520	-640	-820	-1050	-1350						
250	280	-34+Δ	0		-56	-94	-158	-218	-315	-385	-475	-580	-710	-920	-1200	-1550	4	4	7	9	20	29
280	315					-98	-170	-240	-350	-425	-525	-650	-790	-1000	-1300	-1700						
315	355	-37+Δ	0		-62	-108	-190	-268	-390	-475	-590	-730	-900	-1150	-1500	-1900	4	5	7	11	21	32
355	400					-114	-208	-294	-435	-530	-660	-820	-1000	-1300	-1650	-2100						
400	450	-40+Δ	0		-68	-126	-232	-330	-490	-595	-740	-920	-1100	-1450	-1850	-2400	5	5	7	13	23	34
450	500					-132	-252	-360	-540	-660	-820	-1000	-1250	-1600	-2100	-2600						

a 为确定 N 和 P ～ ZC 的值，见 GB/T 1800.1—2020 的 4.3.2.5。
b 公称尺寸≤ 1mm 时，不使用标准公差等级 >IT8 的基本偏差 N。

附表 5　轴 a ～ j 的基本偏差数值（基本偏差单位为微米）

公称尺寸 mm		基本偏差数值 上极限偏差，es												下极限偏差，ei		
大于	至	所有公差等级												IT5 和 IT6	IT7	IT8
		aa	ba	c	cd	d	e	ef	f	fg	g	h	js	j		
—	3	-270	-140	-60	-34	-20	-14	-10	-6	-4	-2	0	偏差 = ± IT*n*/2，式中，*n* 是标准公差等级数	-2	-4	-6
3	6	-270	-140	-70	-46	-30	-20	-14	-10	-6	-4	0		-2	-4	
6	10	-280	-150	-80	-56	-40	-25	-18	-13	-8	-5	0		-2	-5	
10	14	-290	-150	-95	-70	-50	-32	-23	-16	-10	-6	0		-3	-6	
14	18															
18	24	-300	-160	-110	-85	-65	-40	-25	-20	-12	-7	0		-4	-8	
24	30															
30	40	-310	-170	-120	-100	-80	-50	-35	-25	-15	-9	0		-5	-10	
40	50	-320	-180	-130												
50	65	-340	-190	-140		-100	-60		-30		-10	0		-7	-12	
65	80	-360	-200	-150												
80	100	-380	-220	-170		-120	-72		-36		-12	0		-9	-15	
100	120	-410	-240	-180												
120	140	-460	-260	-200		-145	-85		-43		-14	0		-11	-18	
140	160	-520	-280	-210												
160	180	-580	-310	-230												
180	200	-660	-340	-240		-170	-100		-50		-15	0		-13	-21	
200	225	-740	-380	-260												
225	250	-820	-420	-280												
250	280	-920	-480	-300		-190	-110		-56		-17	0		-16	-26	
280	315	-1050	-540	-330												
315	355	-1200	-600	-360		-210	-125		-62		-18	0		-18	-28	
355	400	-1350	-680	-400												
400	450	-1500	-760	-440		-230	-135		-68		-20	0		-20	-32	
450	500	-1650	-840	-480												

a 公称尺寸≤ 1mm 时，不使用基本偏差 a 和 b。

附表 6　轴 k ～ zc 的基本偏差数值（基本偏差单位为微米）

公称尺寸 mm		基本偏差数值 上极限偏差，ei															
大于	至	IT4 至 IT7	≤ IT3，>IT7	所有公差等级													
		k		m	n	p	r	s	t	u	v	x	y	z	za	zb	zc
—	3	0	0	+2	+4	+6	+10	+14		+18		+20		+26	+32	+40	+60

续表

公称尺寸 mm		基本偏差数值 上极限偏差，ei															
3	6	+1	0	+4	+8	+12	+15	+19		+23		+28		+35	+42	+50	+80
6	10	+1	0	+6	+10	+15	+19	+23		+28		+34		+42	+52	+67	+97
10	14	+1	0	+7	+12	+18	+23	+28		+33		+40		+50	+64	+90	+130
14	18										+39	+45		+60	+77	+108	+150
18	24	+2	0	+8	+15	+22	+28	+35		+41	+47	+54	+63	+73	+98	+136	+188
24	30								+41	+48	+55	+64	+75	+88	+118	+160	+218
30	40	+2	0	+9	+17	+26	+34	+43	+48	+60	+68	+80	+94	+112	+148	+200	+274
40	50								+54	+70	+81	+97	+114	+136	+180	+242	+325
50	65	+2	0	+11	+20	+32	+41	+53	+66	+87	+102	+122	+144	+172	+226	+300	+405
65	80						+43	+59	+75	+102	+120	+146	+174	+210	+274	+360	+480
80	100	+3	0	+13	+23	+37	+51	+71	+91	+124	+146	+178	+214	+258	+335	+445	+585
100	120						+54	+79	+104	+144	+172	+210	+254	+310	+400	+525	+690
120	140	+3	0	+15	+27	+43	+63	+92	+122	+170	+202	+248	+300	+365	+470	+620	+800
140	160						+65	+100	+134	+190	+228	+280	+340	+415	+535	+700	+900
160	180						+68	+108	+146	+210	+252	+310	+380	+465	+600	+780	+1000
180	200	+4	0	+17	+31	+50	+77	+122	+166	+236	+284	+350	+425	+520	+670	+880	+1150
200	225						+80	+130	+180	+258	+310	+385	+470	+575	+740	+960	+1250
225	250						+84	+140	+196	+284	+340	+425	+520	+640	+820	1050	+1350
250	280	+4	0	+20	+34	+56	+94	+158	+218	+315	+385	+475	+580	+710	+920	1200	+1550
280	315						+98	+170	+240	+350	+425	+525	+650	+790	+1000	+1300	+1700
315	355	+4	0	+21	+37	+62	+108	+190	+268	+390	+475	+590	+730	+900	+1150	+1500	+1900
355	400						+114	+208	+294	+435	+530	+660	+820	+1000	+1300	+1650	+2100
400	450	+5	0	+23	+40	+68	+126	+232	+330	+490	+595	+740	+920	+1100	+1450	+1850	+2400
450	500						+132	+252	+360	+540	+660	+820	+1000	+1250	+1600	+2100	+2600

附表 7　公称尺寸至 3 150mm 的标准公差数值（GB/T 1800.1—2020）

公称尺寸 /mm		标准公差等级																			
		IT01	ITO	IT1	IT2	IT3	IT4	IT5	IT6	IT7	IT8	IT9	IT10	IT11	IT12	IT13	IT14	IT15	IT16	IT17	IT18
大于	至	标准公差数值																			
–	3	0-3	0-5	0-8	1-2	2	3	4	6	10	14	25	40	60	0-1	0-14	0-25	0-4	0-6	1	1-4
3	6	0-4	0-6	1	1-5	2-5	4	5	8	12	18	30	48	75	0-12	0-18	0-3	0-48	0-75	1-2	1-8
6	10	0-4	0-6	1	1-5	2-5	4	6	9	15	22	36	58	90	0-15	0-22	0-36	0-58	0-9	1-5	2-2
10	18	0-5	0-8	1-2	2	3	5	8	11	18	27	43	70	110	0-18	0-27	0-43	0-7	1-1	1-8	2-7
18	30	0-6	1	1-5	2-5	4	6	9	13	21	33	52	84	130	0-21	0-33	0-52	0-84	1-3	2-1	3-3
30	50	0-6	1	1-5	2-5	4	7	11	16	25	39	62	100	160	0-25	0-39	0-62	1	1-6	2-5	3-9

续表

公称尺寸 /mm		标准公差等级																			
		IT01	ITO	IT1	IT2	IT3	IT4	IT5	IT6	IT7	IT8	IT9	IT10	IT11	IT12	IT13	IT14	IT15	IT16	IT17	IT18
50	80	0-8	1-2	2	3	5	8	13	19	30	46	74	120	190	0-3	0-46	0-74	1-2	1-9	3	4-6
80	120	1	1-5	2-5	4	6	10	15	22	35	54	87	140	220	0-35	0-54	0-87	1-4	2-2	3-5	5-4
120	180	1-2	2	3-5	5	8	12	18	25	40	63	100	160	250	0-4	0-63	1	1-6	2-5	4	6-3
180	250	2	3	4-5	7	10	14	20	29	46	72	115	185	290	0-46	0-72	1-15	1-85	2-9	4-6	7-2
250	315	2-5	4	6	8	12	16	23	32	52	81	130	210	320	0-52	0-81	1-3	2-1	3-2	5-2	8-1
315	400	3	5	7	9	13	18	25	36	57	89	140	230	360	0-57	0-89	1-4	2-3	3-6	5-7	8-9
400	500	4	6	8	10	15	20	27	40	63	97	155	250	400	0-63	0-97	1-55	2-5	4	6-3	9-7
500	630			9	11	16	22	32	44	70	110	175	280	440	0-7	1-1	1-75	2-8	4-4	7	11
630	800			10	13	18	25	36	50	80	125	200	320	500	0-8	1-25	2	3-2	5	8	12-5
800	1 000			11	15	21	28	40	56	90	140	230	360	560	0-9	1-4	2-3	3-6	5-6	9	14
1 000	1 250			13	18	24	33	47	66	105	165	260	420	660	1-05	1-65	2-6	4-2	6-6	10-5	16-5
125	1 600			15	21	29	39	55	78	125	195	310	500	780	1-25	1-95	3-1	5	7-8	12-5	19-5
1 600	2 000			18	25	35	46	65	92	150	230	370	600	920	1-5	2-3	3-7	6	9-2	15	23
2 000	2 500			22	30	41	55	78	110	175	280	440	700	1 100	1-75	2-8	4-4	7	11	17-5	28
2 500	3 150			26	36	50	68	96	135	210	330	540	860	1 350	2-1	3-3	5-4	8-6	13-5	21	33

附表 8　配合的优先选用说明

优先配合		说明
基孔制	基轴制	
$\frac{H11}{c11}$	$\frac{B11}{h9}$	间隙非常大，用于很松、转动很慢的动配合，或要求大公差与大间隙的外露组件
$\frac{H9}{e8}$	$\frac{E9}{h9}$	间隙很大的自由转动间隙配合，用于精度为非主要要求的场合；也可用于有大的温度变动、高转速或大的轴径压力的场合
$\frac{H8}{f7}$	$\frac{F8}{h7}$	间隙不大的转动间隙配合，用于中等转速与中等轴径压力的精确转动；也可用于装配较易的中等定位配合
$\frac{H7}{g6}$	$\frac{G7}{h6}$	间隙很小的滑动间隙配合，用于不希望自由转动，但可自由移动和滑动并精密定位的场合；也可用于要求明确的定位配合
$\frac{H7}{b6}$、$\frac{H8}{h7}$、$\frac{H10}{h9}$	$\frac{H7}{h6}$、$\frac{H8}{h7}$ $\frac{H9}{h8}$、$\frac{H8}{h9}$、$\frac{H9}{h9}$	均为间隙配合，零件可自由拆装，工作时一般相对静止不动。在最大实体条件下的间隙为零，在最小实体条件下的间隙由公差等级决定
$\frac{H7}{k6}$	$\frac{K7}{h6}$	过渡配合，用于精密定位
$\frac{H7}{n6}$	$\frac{N7}{h6}$	过渡配合，用于允许有较大过盈的更精密定位
$\frac{H7}{p6}$	$\frac{P7}{h6}$	过盈定位配合，即小过盈配合，用于定位精度特别重要的场合，能以很高的定位精度达到部件的刚性及对中性能要求，且对内孔承受压力无特殊要求，不依靠配合的紧固性传递摩擦负荷
$\frac{H7}{s6}$	$\frac{S7}{h6}$	中等压入配合，适用于一般钢件，或用于薄壁件的冷缩配合；用于铸铁件时可得到最紧的配合

附表 9　基孔制优先、常用配合

基准孔	轴																				
	a	b	c	d	e	f	g	h	js	k	m	n	p	r	s	t	u	v	x	y	z
	间隙配合								过渡配合			过盈配合									
H6						$\frac{H6}{f5}$	$\frac{H6}{g5}$	$\frac{H6}{h5}$	$\frac{H6}{js5}$	$\frac{H6}{k5}$	$\frac{H6}{m5}$	$\frac{H6}{n5}$	$\frac{H6}{p5}$	$\frac{H6}{r5}$	$\frac{H6}{s5}$	$\frac{H6}{t5}$					
H7						$\frac{H7}{f6}$	$\frac{H7}{g6}$	$\frac{H7}{h6}$	$\frac{H7}{js6}$	$\frac{H7}{k6}$	$\frac{H7}{m6}$	$\frac{H7}{n6}$	$\frac{H7}{p6}$	$\frac{H7}{r6}$	$\frac{H7}{s6}$	$\frac{H7}{t6}$	$\frac{H7}{u6}$	$\frac{H7}{v6}$	$\frac{H7}{x6}$	$\frac{H7}{y6}$	$\frac{H7}{z6}$
H8					$\frac{H8}{e7}$	$\frac{H8}{f7}$	$\frac{H8}{g7}$	$\frac{H8}{h7}$	$\frac{H8}{js7}$	$\frac{H8}{k7}$	$\frac{H8}{m7}$	$\frac{H8}{n7}$	$\frac{H8}{p7}$	$\frac{H8}{r7}$	$\frac{H8}{s7}$	$\frac{H8}{t7}$	$\frac{H8}{u7}$				
				$\frac{H8}{d8}$	$\frac{H8}{e8}$	$\frac{H8}{f8}$		$\frac{H8}{h8}$													
H9			$\frac{H9}{c9}$	$\frac{H9}{d9}$	$\frac{H9}{e9}$	$\frac{H9}{f9}$		$\frac{H9}{h9}$													
H10			$\frac{H10}{c10}$	$\frac{H10}{d10}$				$\frac{H10}{h10}$													
H11	$\frac{H11}{a11}$	$\frac{H11}{b11}$	$\frac{H11}{c11}$	$\frac{H11}{d11}$				$\frac{H11}{h11}$													
H12		$\frac{H12}{b12}$						$\frac{H12}{h12}$													

注：1. $\frac{H6}{n5}$、$\frac{H7}{p6}$ 在基本尺寸小于或等于 3mm 和 $\frac{H8}{r7}$ 在小于或等于 100mm 时，为过渡配合。

2. 标注底纹的配合为优先配合。

附表 10　基轴制优先、常用配合

基准轴	孔																				
	A	B	C	D	E	F	G	H	JS	K	M	N	P	R	S	T	U	V	X	Y	Z
	间隙配合								过渡配合			过盈配合									
h5						$\frac{F6}{h5}$	$\frac{G6}{h5}$	$\frac{H6}{h5}$	$\frac{JS6}{h5}$	$\frac{K6}{h5}$	$\frac{M6}{h5}$	$\frac{N6}{h5}$	$\frac{P6}{h5}$	$\frac{R6}{h5}$	$\frac{S6}{h5}$	$\frac{T6}{h5}$					
h6						$\frac{F7}{h6}$	$\frac{G7}{h6}$	$\frac{H7}{h6}$	$\frac{JS7}{h6}$	$\frac{K7}{h6}$	$\frac{M7}{h6}$	$\frac{N7}{h6}$	$\frac{P7}{h6}$	$\frac{R7}{h6}$	$\frac{S7}{h6}$	$\frac{T7}{h6}$	$\frac{U7}{h6}$				
h7					$\frac{E8}{h7}$	$\frac{F8}{h7}$		$\frac{H8}{h7}$	$\frac{JS8}{h7}$	$\frac{K8}{h7}$	$\frac{M8}{h7}$	$\frac{N8}{h7}$									
h8				$\frac{D8}{h8}$	$\frac{E8}{h8}$	$\frac{F8}{h8}$		$\frac{H8}{h8}$													
h9				$\frac{D9}{h9}$	$\frac{E9}{h9}$	$\frac{F9}{h9}$		$\frac{H9}{h9}$													
h10				$\frac{D10}{h10}$				$\frac{H10}{h10}$													
h11	$\frac{A11}{h11}$	$\frac{B11}{h11}$	$\frac{C11}{h11}$	$\frac{D11}{h11}$				$\frac{H11}{h11}$													
h12		$\frac{B12}{h12}$						$\frac{H12}{h12}$													

注：标注底纹的配合为优先配合。

附表 11　公差等级的选用说明

公差等级	应用条件说明	应用举例
IT5	用于机床、发动机和仪表中特别重要的配合，在配合公差要求很小，形状公差要求很高的条件下，能使配合性质比较稳定（相当于旧国标中的最高精度，即 1 级精度轴）。对加工要求较高，一般机械制造中较少应用	与 6 级滚动轴承孔相配的机床主轴、机床尾架套筒、高精度分度盘轴颈、分度头主轴、精密丝杠基准轴颈，发动机主轴的外径，活塞销外径与塞的配合，精密仪器的轴与各种传动件轴承的配合，航空、航海工业所用仪表中重要的精密孔的配合，精密机械及高速机械的轴径，5 级精度齿轮的基准孔及 5 级、6 级精度齿轮的基准轴
IT6	广泛用于机械制造中的重要配合，配合表面有较高均匀性的要求，能保证相当高的配合性质，使用可靠（相当于旧国标中的 2 级精度轴和 1 级精度孔的公差）	机床的装配式齿轮、蜗轮、联轴器、带轮、凸轮的孔径，机床丝杠支承轴颈，矩形花键的定心直径，摇臂钻床的主柱等；精密仪器、光学仪器、计量仪器的精密轴，无线电设备、自动化仪表及手表中特别重要的轴，医疗器械中的 X 线机齿轮箱的精密轴，缝纫机中的重要轴类，发动机的汽缸外套外径、曲轴主轴颈、活塞销、连杆衬套、连杆和轴瓦外径等，6 级精度齿轮的基准孔和 7 级、8 级精度齿轮的基准轴径，1 级、2 级精度齿轮的齿顶圆直径
IT7	应用条件与 IT6 相似，但精度要求可比 IT6 稍低一点，在一般机械制造中应用相当普遍	机床的联轴器、皮带轮、凸轮等的孔径，机床卡盘座孔、摇臂钻床的摇臂孔、车床丝杠轴承孔、发动机的连杆孔、活塞孔等，纺织机械、印染机械中配合度要求较高的零件，自动化仪表、缝纫机、邮电机械中重要零件的内孔，7 级、8 级精度齿轮的基准孔和 9 级、10 级精度齿轮的基准轴
IT8	在机械制造中属于中等精度，是应用较多的一个等级，尤其是在农业机械、纺织机械、印染机械、自行车、缝纫机械、医疗器械中应用最广	轴承座衬套沿宽度方向的尺寸配合，电机中铁芯与机座的配合，发动机活塞油环槽宽，连杆轴瓦内径，低精度（9 至 12 级精度）齿轮的基准孔、11 级、12 级精度齿轮的基准轴，6 至 8 级精度齿轮的齿顶圆
IT9	应用条件与 IT8 相似，但精度要求低于 IT8	机床的轴套外径与孔、操作件与轴、空转皮带轮与轴的配合，纺织机械、印染机械中的一般配合零件，发动机机油泵体的内孔，飞轮与飞轮套的配合，光学仪器、自动化仪表中的一般配合，单键连接中键宽的配合尺寸
IT10	应用条件与 IT8 相似，但精度要求低于 IT8	电子仪器仪表中支架上的配合，闹钟的中心管与前夹板、轴套与轴的配合，发动机中油封挡圈孔与曲轴皮带轮毂
IT11	配合精度要求较粗糙，装配后可能有较大的间隙，特别应用于要求间隙较大且有显著变动，但不会引起危险的场合	机床的法兰盘止口与孔、滑块与滑移齿轮、凹槽等，农业机械，机车车厢部件及冲压加工的配合零件，印染机械中精度要求较低的配合，不作测量基准用的齿轮齿顶圆直径
IT12	配合精度要求很低，装配后有很大的间隙	非配合尺寸及工序间尺寸，发动机分离杆，机床扳手孔与扳手座的连接
IT13	应用条件与 IT12 相似	非配合尺寸及工序间尺寸
IT14	用于非配合尺寸及不包括在尺寸链中的尺寸	机械制造、仪器仪表、石油化工等行业中未注公差尺寸的切削加工零件
IT15	用于非配合尺寸及不包括在尺寸链中的尺寸	冲压件、木模铸造零件、重型机床中尺寸大于 3 150mm 的未注公差尺寸
IT16	用于非配合尺寸及不包括在尺寸链中的尺寸	无线电设备箱体外形尺寸，纺织机械中木制零件及塑料零件尺寸公差，压弯延伸加工用尺寸
IT17/IT18	用于非配合尺寸及不包括在尺寸链中的尺寸	塑料成型尺寸公差，医疗器械中的一般外形尺寸公差，冷作、焊接尺寸用公差

附表 12　不同表面结构的微观特征及应用举例

<table>
<tr><th>Ra/μm</th><th colspan="2">表面微观特征</th><th>应用举例</th></tr>
<tr><td>3.2 ~ 6.3</td><td rowspan="2">半光表面</td><td>微见加工痕迹</td><td>半精加工面、支架、轴、衬套端面、带轮、凸轮侧面等非接触的自由表面，所有轴和孔的退刀槽，不重要的铰接配合表面等</td></tr>
<tr><td>1.6 ~ 3.2</td><td>未见加工痕迹</td><td>箱体、箱盖、支架、套筒等和其他零件结合而无配合要求的表面，定心的轴肩，键和键槽，低速工作的滑动轴承和轴颈的工作面，张紧链轮，导向滚轮壳孔与轴的配合表面</td></tr>
<tr><td>0.8 ~ 1.6</td><td>光表面</td><td>可辨加工痕迹的方向</td><td>衬套、滑动轴承和定位销的压入孔表面，花键的定心表面，带轮槽，一般低速传动的轴颈，电镀前的金属表面</td></tr>
<tr><td>0.4 ~ 0.8</td><td rowspan="2">光</td><td>微辨</td><td>中型机床（普通精度）滑动导轨面，圆柱销、圆锥销和滚动轴承配合的表面，中速转动的轴颈，内、外花键的定心表面等</td></tr>
<tr><td>0.2 ~ 0.4</td><td>不可辨</td><td>夹具定位元件和钻套的主要表面，曲轴和凸轮轴等高速转动的轴颈，工作时受交变应力的重要零件，中型机床（提高精度）滑动导轨面和 P5 级滚动轴承配合的表面</td></tr>
<tr><td>0.1 ~ 0.2</td><td rowspan="3">极光表面</td><td>暗光泽面</td><td>精密机床主轴锥孔，顶尖圆锥面，高精度齿轮工作表面，与 P4 级滚动轴承配合的表面，液压油缸和柱塞的表面，曲轮、凸轮轴的工作表面等</td></tr>
<tr><td>0.05 ~ 0.1</td><td>亮光泽面</td><td>精密机床主轴箱与套筒配合的孔，仪器中承受摩擦的表面（如导轨、槽面），液压传动用孔的表面，阀的工作表面，汽缸内表面，活塞销的表面</td></tr>
<tr><td>0.025 ~ 0.05</td><td>镜状光泽表面</td><td>特别精密的滚动轴承套圈滚道，钢球及滚子表面，量仪中的中等精度间隙配合零件的工作表面，工作量规的测量表面，摩擦离合器的摩擦表面等</td></tr>
</table>

附表 13　典型零件表面结构数值选择

<table>
<tr><td rowspan="10">配合表面</td><td colspan="2" rowspan="2">公差等级</td><td rowspan="2">表面</td><td colspan="3">基本尺寸 /mm</td></tr>
<tr><td>≤ 50</td><td colspan="2">50 ~ 500</td></tr>
<tr><td colspan="2" rowspan="2">IT5</td><td>轴</td><td>0.2</td><td colspan="2">0.4</td></tr>
<tr><td>孔</td><td>0.4</td><td colspan="2">0.8</td></tr>
<tr><td colspan="2" rowspan="2">IT6</td><td>轴</td><td>0.4</td><td colspan="2">0.8</td></tr>
<tr><td>孔</td><td>0.4 ~ 0.8</td><td colspan="2">0.8 ~ 1.6</td></tr>
<tr><td colspan="2" rowspan="2">IT7</td><td>轴</td><td>0.4 ~ 0.8</td><td colspan="2">0.8 ~ 1.6</td></tr>
<tr><td>孔</td><td>0.8</td><td colspan="2"></td></tr>
<tr><td colspan="2" rowspan="2">IT8</td><td>轴</td><td>0.8</td><td colspan="2"></td></tr>
<tr><td>孔</td><td>0.8 ~ 1.6</td><td colspan="2"></td></tr>
<tr><td rowspan="10">过盈配合</td><td rowspan="8">压入装配</td><td rowspan="2">公差等级</td><td rowspan="2">表面</td><td colspan="3">基本尺寸 /mm</td></tr>
<tr><td>≤ 50</td><td>50 ~ 120</td><td>120 ~ 500</td></tr>
<tr><td rowspan="2">IT5</td><td>轴</td><td>0.1 ~ 0.2</td><td>0.4</td><td>0.4</td></tr>
<tr><td>孔</td><td>0.2 ~ 0.4</td><td>0.8</td><td>0.8</td></tr>
<tr><td rowspan="2">IT6 ~ IT7</td><td>轴</td><td>0.4</td><td>0.8</td><td>1.6</td></tr>
<tr><td>孔</td><td>0.8</td><td>1.6</td><td>1.6</td></tr>
<tr><td rowspan="2">IT8</td><td>轴</td><td>0.8</td><td>0.8 ~ 1.6</td><td>1.6 ~ 3.2</td></tr>
<tr><td>孔</td><td></td><td></td><td></td></tr>
<tr><td rowspan="2">热装</td><td rowspan="2">——</td><td>轴</td><td colspan="3">1.6</td></tr>
<tr><td>孔</td><td colspan="3">1.6 ~ 3.2</td></tr>
</table>

续表

<table>
<tr><td colspan="2" rowspan="3">滑动轴承表面</td><td rowspan="2">表面</td><td colspan="2">公差等级</td><td colspan="2" rowspan="2">流体润滑</td></tr>
<tr><td>IT6 ～ IT9</td><td>IT10 ～ IT12</td></tr>
<tr><td>轴</td><td>0.4 ～ 0.8</td><td>0.8 ～ 3.2</td><td colspan="2">0.1 ～ 0.4</td></tr>
<tr><td colspan="2"></td><td>孔</td><td>0.8 ～ 1.6</td><td>1.6 ～ 3.2</td><td colspan="2">0.2 ～ 0.8</td></tr>
<tr><td rowspan="6">导轨面</td><td rowspan="2">性质</td><td rowspan="2">速度 / m · s^{-1}</td><td colspan="5">平面度公差 / (μm/100mm 范围内)</td></tr>
<tr><td>≤ 6</td><td>10</td><td>20</td><td>60</td><td>>60</td></tr>
<tr><td rowspan="2">滑动</td><td>≤ 0.5</td><td>0.2</td><td>0.4</td><td>0.8</td><td>1.6</td><td>3.2</td></tr>
<tr><td>>0.5</td><td>0.1</td><td>0.2</td><td>0.4</td><td>0.8</td><td>1.6</td></tr>
<tr><td rowspan="2">滚动</td><td>≤ 0.5</td><td>0.1</td><td>0.2</td><td>0.4</td><td>0.8</td><td>1.6</td></tr>
<tr><td>>0.5</td><td>0.05</td><td>0.1</td><td>0.2</td><td>0.4</td><td>0.8</td></tr>
<tr><td colspan="3" rowspan="2">圆锥结合工作表面</td><td>密封结合</td><td>对冲结合</td><td colspan="3">其他</td></tr>
<tr><td>0.1 ～ 0.4</td><td>0.4 ～ 1.6</td><td colspan="3">1.6 ～ 6.3</td></tr>
</table>

附表 14 常用金属材料的特点及应用举例

<table>
<tr><th>牌号</th><th>特点</th><th>应用举例</th><th>说明</th></tr>
<tr><td colspan="4">**灰铸铁**</td></tr>
<tr><td>HT100</td><td>铸造性能好，工艺简便，应力小，减振性好，无须人工时效处理</td><td>用于制造载荷小、无特殊磨损要求的零件，如盖、手轮、底板手柄等</td><td rowspan="4">“HT”表示灰铸铁，符号后面的数字表示最小抗拉强度（MPa）</td></tr>
<tr><td>HT150</td><td>铸造性能好，工艺简便，应力小，减振性好，无须人工时效处理，但有一定的机械强度</td><td>用于制造中等应力和摩擦、磨损的零件，如机床底座、齿轮箱、刀架等</td></tr>
<tr><td>HT200
HT250</td><td>强度较高，耐磨性、耐热性、减振性较好，需人工时效处理</td><td>用于制造较大应力和摩擦、磨损并有气密性和耐磨性要求的零件，如泵体、阀体、活塞、带轮、阀套、轴承盖等</td></tr>
<tr><td>HT300
HT350</td><td>强度较高、耐磨性较好，但铸造性能较差，需人工时效处理</td><td>用于制造高应力和摩擦、磨损并有高气密性和耐磨性要求的零件，如重型机床床身、重载齿轮、主轴箱、曲轴、缸体等</td></tr>
<tr><td colspan="4">**铸钢**</td></tr>
<tr><td>ZG200-400</td><td rowspan="2">低碳铸钢，韧性及塑性均好，但强度和硬度较低；焊接性好，但铸造性差</td><td>用于制造机座、变速器壳体等受力不大但对韧性要求高的零件</td><td rowspan="5">“ZG”表示铸钢，第一组数字表示屈服强度（MPa）最低值，第二组数字为抗拉强度（MPa）</td></tr>
<tr><td>ZG230-450</td><td>用于制造载荷不大、韧性较好的零件，如轴承盖、底板、阀体、机座、箱体等</td></tr>
<tr><td>ZG270-500</td><td rowspan="2">中碳铸钢，有一定的韧性及塑性，强度和硬度较高，可加工性良好，焊接性尚可，铸造性比低碳铸钢好</td><td>应用广泛，用于制造飞轮、工作缸、机架、气缸、轴承座、连杆、箱体等</td></tr>
<tr><td>ZG310-570</td><td>用于制造承受重载荷的零件，如联轴器、大齿轮、缸体、机架、制动轮、轴等</td></tr>
<tr><td>ZG340-640</td><td>高碳铸钢，具有高强度、高硬度及高耐磨性，但塑性、韧性较低，铸造焊接性较差</td><td>用于制造起重运输机齿轮、联轴器、齿轮、车轮、棘轮等</td></tr>
</table>

续表

牌号	特点	应用举例	说明
碳素结构钢			
Q195	低碳钢	用于制造承受轻载荷的机件、铆钉、螺钉、垫片、焊接件等	“Q”表示钢材屈服强度，即“屈”字汉语拼音首字母，符号后面的数字表示屈服点数值（MPa），同一钢号下分质量等级，用A、B、C、D表示，品质依次下降
Q215			
Q235		用于制造螺栓、螺钉、螺母、拉杆、轴等	
优质碳素结构钢			
08F	低碳钢，塑性好，焊接性好，强度低，硬度低	用于制造垫片、垫圈、管子、摩擦片等	数字表示钢中碳的质量万分数，如“45”表示碳的质量分数为0.45%，数字依次增大，表示抗拉强度、硬度依次增大，断后伸长率依次下降。当锰的质量分数为0.7%～1.2%时，需注出“Mn”
10		用于制造拉杆、卡头、垫片、垫圈等	
15			
25	高强度，韧性好	用于制造轴、滚子、联轴器、螺栓等	
30		用于制造曲轴、轴销、连杆、横梁等	
35		用于制造连杆、圆盘、轴销、轴等	
40		用于制造齿轮、链轮、轴、键、销、活塞杆等	
45			
65Mn	硬度高	用于制造大尺寸的各种扁、圆弹簧，如座板簧等	
65		用于制造螺旋弹簧、板簧、弹性垫圈、量具、模具等	
70			
合金结构钢			
Q345（16Mn）	低合金高强度结构钢，强度高于低碳钢，有足够的塑性和韧性	用于制造小齿轮、小轴、钢套、链板	钢中加合金元素以增强基体性能，合金元素符号前的数字是以平均万分数表示的碳的质量分数，符号后面的数字是以名义百分数表示的合金元素的质量分数，当质量分数小于1.5%时，仅注出元素符号
35CrMo 40Cr	中碳合金钢，调质处理后具有良好的综合力学性能	用于制造曲轴、齿轮、高强度螺栓、连杆等	
20CrNi 20CrMnTi	合金渗碳钢，经表面渗碳处理后耐磨性好	用于制造活塞销、齿轮、轴等	
50CrV	合金弹簧钢，经热处理后具有较高的弹性和足够的韧性	用于制造板簧、缓冲卷簧等	
GCr15 GGr15SiMn	滚动轴承钢，具有高强度、高硬度、耐磨性和一定的耐蚀性	用于制造滚动轴承的内圈、外圈、滚动体等	
加工黄铜、铸造铜合金			
H62（代号）	具有优良的导电性、导热性，具有较强的抗大气腐蚀性和一定的力学性能，加工性良好，强度低	用于制造散热器、垫圈、弹簧、螺钉等	“H”表示普通黄铜，数字表示铜的平均质量分数
ZCuZn38Mn2Pb2 ZCuSn5Pb5Zn5 ZCuAl10Fe3		铸造黄铜：用于制造轴瓦、轴套及其他耐磨零件 铸造锡青铜：用于制造承受摩擦的零件，如轴承 铸造铝青铜：用于制造蜗轮、衬套、耐蚀性零件	“ZCu”表示铸造铜合金，合金中其他主要元素用化学元素符号表示，符号后面的数字表示该元素的平均质量分数

续表

牌号	特点	应用举例	说明
铝及铝合金、铸造铝合金			
1060 1050A 2A12 2A13	具有优良的导电性、导热性，强度不高，塑性好，还具有良好的耐大气腐蚀性	适用于制造储槽、塔、热交换器，防止污染及深冷设备；适用于制造中等强度的零件，焊接性好	第一位数字表示铝及铝合金的组别，1×××组表示纯铝（其铝质量分数大于99.00%），最后两位数字表示最低铝的质量分数中的小数点后面的两位。2×××组表示以铜为主要合金元素的铝合金，最后两位数字无特殊意义，仅用于表示同一组中的不同铝合金。第二位的字母表示原始纯铝或铝合金的改型情况
ZAlCu5Mn （代号 ZL201） ZAlMg10 （代号 ZL301）	熔点低、流动性好，可铸造各种形状复杂而承载不大的铝件	砂型铸造：工作温度为175～300℃的零件，如内燃机缸盖活塞；在大气或海水中工作，承受冲击、载荷、外形不太复杂的零件，如舰船配件、氨用泵体	“ZAl”表示铸造铝合金，合金中的其他元素用化学元素符号表示，符号后面的数字表示该元素平均质量分数，代号中的数字表示合金序列代号和顺序号

附表 15　常见的热处理方法和应用范围

工艺名称		作用	应用范围
退火	均匀化退火	成分均匀化	铸钢件及有成分偏析的锻轧件
	完全退火	细化组织和降低硬度	亚共析钢锻、焊、轧件
	等温退火	细化组织和降低硬度，防止白点	碳钢、合金钢以及高合金钢的锻压冲件等。较完全退火的组织和性能均匀，且缩短工艺周期
	球化退火	碳化物球状化，降低硬度，提高塑性	共析钢或过共析钢件（如工模具）
	不完全退火（亚临界退火）	细化组织，降低硬度	中、高碳钢及低合金钢的锻、轧件组织细化程度低于完全退火
	再结晶退火（低温退火）	消除加工硬化，使冷变形晶粒再结晶为细小等轴晶	冷变形钢材和零件
	去应力退火	消除内应力，使之达到稳定状态	铸件、焊接件、锻轧件及机械加工件
正火		提高硬度，改进可加工性，防止机械加工粘刀，降低表面粗糙度值	低碳钢
		细化晶粒，均匀组织，为淬火做好组织准备	中碳钢、合金钢
		消除网状碳化物，为球化退火做准备	高碳钢、高合金钢
		消除渗层中的网状碳化物，消除不正常组织（如粗晶等）	渗碳钢、铸件、锻件
		最终热处理	要求不高的碳钢
淬火	单介质淬火	在单一冷却介质（如油、水、空气等）中淬火，达到硬度、强度等要求	常用方法
	双介质淬火	在两种淬火介质（水－油、水－空气、油－空气等）中淬火，保证足够淬硬	中、高碳钢零件，合金钢大型零件
	分级淬火	先淬入浴槽中，使零件内外温度都达到浴槽介质温度，再淬入另一种冷却较缓慢的介质，减少变形和开裂	形状复杂、变形要求严格的零件，包括尺寸较小的合金钢、碳钢零件，以及尺寸较大零件或淬透性差的钢种

续表

工艺名称		作用	应用范围
淬火	等温淬火	先淬入浴槽完成淬火，再空冷，获得良好的综合性能，减少变形和开裂	合金钢（C）< 0.6% 碳钢零件，高碳工模具钢零件
	固溶处理	将其他相充分溶解到固溶体中	沉淀硬化不锈钢、马氏体时效钢
回火	低温回火	150 ～ 250℃回火，获得回火马氏体组织。目的是在保持高硬度条件下，提高塑性和韧性	超高强度钢、工模具钢、量具、刃具、轴承及渗碳件
	中温回火	350 ～ 500℃回火，获得托氏体组织。目的是获得高弹性和足够的硬度，保持一定韧性	中温超高强度钢、弹簧、热锻模具
	高温回火	500 ～ 650℃回火，获得索氏体组织。目的是获得较高强度，与韧性良好配合	结构钢零件、渗氮件预备热处理
	多次回火	淬火后进行二次以上回火，进一步促使残留奥氏体转变，消除应力，使尺寸稳定	超高强度钢、工模具钢、高速钢
	时效	从过饱和固溶体中析出金属间化合物，提高强度和硬度	
渗碳（含碳氮共渗）		增加表层碳含量，提高表面硬度、耐磨性及抗疲劳性能	用于心部有一定强度和良好韧性而表面要求高硬度（58 ～ 64HRC）的零件：主要是齿轮、销类和轴类
		碳氮共渗与渗碳相似，但渗入温度略低，渗层较浅，变形较小	
渗氮（含氮碳共渗）		增加表层氮含量，提高表面硬度、耐磨性、抗疲劳性能，以及热硬性（≤ 500℃）和抗胶合性	用于心部保持良好韧性而表面要求高硬度（65 ～ 72HRC）的零件；用于提高耐磨性、抗疲劳性、耐蚀性或热硬性的场合
		氮碳共渗与渗氮相似，但渗入温度略高，表面硬度稍低	
		与渗碳相比，渗氮的氮层较浅，硬度高，不能承受大接触应力和冲击载荷，生产周期长	
渗金属及非金属		将另一种或多种金属，如 Al、Cr、Si、B、Mo、Zn、Re 等渗入表层，提高耐蚀性、抗氧化性、耐磨性等	渗铝或铝与其他元素多元共渗，主要用于高温防护